BEERENOBST

im

naturgemäßen

Anbau

6. unveränderte Auflage 1994

Zusammengestellt von der Abtei Fulda

INHALTSVERZEICHNIS

Satz, Druck und Bindearbeit: Parzeller & Co., Fulda

Vorwort zur 1. Auflage

Mehr als je richtet sich unser Interesse auf den biologischen Anbau unseres Beerenobstes, das vornehmlich für die Roh=köstler, aber auch ganz allgemein zu einem wichtigen Faktor in der Volksernährung geworden ist.

Wenn in der Küche unserer Großmütter noch allmorgendlich die Kaffeemühle surrte, so saust heute vielfach die „Multi-press", um die so vitaminreichen Fruchtsäfte für den Früh-stückstisch zu bereiten.

Daß bei dem allgemeinen Anliegen, der Gesundheit unseres Volkes nämlich, die Rohkost unserer Früchte und Pflanzen einen ganz anderen Gartenbetrieb erfordern, liegt auf der Hand. Nicht in der Massenproduktion, sondern vor allem in der naturgemäßen einwandfreien Bewirtschaftung des Gartens liegt die Aufgabe unserer Zeit.

Dazu kommt bei der Bodenknappheit unseres Landes die plan=volle Ausnutzung eines jeden Gartenstückes. Ehe noch bei einer Neuanlage des Gartens die frisch gepflanzten Obstbäume Früchte tragen, füllen z. B. Beerenanpflanzungen eine wichtige Lücke aus. Bringen sie doch meistens schon im zweiten Jahr ansehnliche Erträge und u. U. bereits Vollernten.

Sie wachsen in fast jedem Klima, auf jedem nur einigermaßen erträglichen Boden, wenn man nur die geeigneten Sorten her=aussucht und sich an die Bedingungen der gesunden Natur hält. Auch ist die Pflege des Beerenobstes bedeutend einfacher als jene der Obstbäume und von jedem Gartenbesitzer schnell zu erlernen.

In bezug auf Beeren s t r ä u c h e r soll schon jetzt darauf hin=gewiesen werden, daß die Gewohnheit, Beerensträucher in Kolonien zu pflanzen, nicht nur ungesund für diese, sondern auch unrentabel für Haushalt und Garten ist. Die zusammenhängenden Gartenplätze müssen für das Gemüse frei bleiben. Auf Rabatten jedoch längs der Hauswand oder auch in entsprechenden Abständen an den Gartenwegen entlang stehen Beerensträucher oder Beerenspaliere, noch schöner Beerenhochstämmchen oder Halbstämmchen als nutzbringende Zierde überaus passend. Es stimmt freilich, daß Johannis= und Stachelbeeren günstiger im Halbschatten der Bäume gedeihen, doch nicht i m m e r ist diese Pflanzengemeinschaft gut für die betreffenden Obstbäume, jedenfalls dann nicht, wenn es sich um Steinobst oder Apfelbäume handelt. Die Birne wurzelt sehr tief und ausreichend und leidet kaum unter dieser Nachbarschaft; den Äpfeln aber und dem Steinobst mit ihren weniger tiefen Wurzeln wird durch die Beerensträucher viel Nahrung entzogen. Das gilt vor allem bei der Johannisbeere, die zwar anspruchsloser an den Boden ist als die Stachelbeere, dafür aber stärker ihrer Nachbarschaft zusetzt. Das Wurzelwerk der Stachelbeere ist schwächer, gerade ihr tut auch eine Beschattung durch Bäume so gut; so wäre sie als Unter= und Zwischenpflanze der Obstbäume nur zu empfehlen. Die schwarze Johannisbeere aber sollte möglichst aus der Nähe eines Apfelbaumes herausgenommen werden; die Erfahrung hat uns gelehrt, daß er verkümmert und seine Früchte klein und gering bleiben.

Anders als mit den genannten Beerensträuchern verhält es sich mit der Himbeere. Es empfiehlt sich, sie herauszunehmen aus dem internen Gartenbereich und an einen freieren, sonnigen Platz zu setzen, mindestens drei Meter von jedem Obstbaum entfernt, obwohl auch ihr ein leichter Schatten erträglich wäre. Die Brombeere in ihrer etwas wilden Art kann durch einen energischen Schnitt in Schach gehalten werden. Verfügen wir in unserem Gartengelände über unfruchtbare Böschungen, ist gar ein Südhang vorhanden, auf dem nichts gedeihen will, so ist die Brombeere die dankbarste Pflanze auch in scheinbar unmöglichen Verhältnissen. Ihr reicher Gehalt an Fruchtzucker und anderen wertvollen Stoffen, einschließlich ihrer heilkräfti=

gen Blätter und jungen Schößlinge, macht sie bei geringer Arbeit, geringen Kosten und reichster Ernte zu einem wirklichen Volksnahrungs- und Heilmittel.

In neuester Zeit wird viel über Obsthecken, auch Beerenobsthecken, geschrieben, an entsprechendem Ort der einzelnen Kapitel ist jeweils der Hinweis auch für diese Kulturform gegeben.

In jedem Kapitel der sieben Arten von Gartenbeeren geht der Kulturanweisung ein kurzer geschichtlicher Hinweis voraus, und einige Angaben bez. der jeweiligen Bedeutung für Gesundheit und Wohl der Menschen folgen.

Mai 1967 Abtei Fulda

Vorwort zur 2. Auflage

Unserem bereits 1960 erschienenen Heft „Beerensträucher im naturgemäßen Anbau" konnten wir 1967 die erste Auflage eines bedeutend umfangreicheren Bändchens unter dem Titel „Beerenobst im naturgemäßen Anbau" folgen lassen und unseren Gartenfreunden mit eigenen Worten vorstellen.

Nachdem wir nun das Büchlein wenig verändert*, aber bereichert durch ein ausführliches Nachschlagregister, das hoffentlich zur Erleichterung des Gebrauchs und zu größerem Nutzen beitragen wird, in neuer Auflage herausgeben können, wollen wir auch andere Stimmen darüber hören:

* Die Sortennamen ließen wir unverändert, obwohl einige inzwischen nicht mehr lieferbar sein und neue angeboten werden mögen. Lassen Sie sich hierin bitte von Ihrem Gärtner oder den im Firmenverzeichnis genannten Baumschulen beraten, deren Kataloge von 1975 so reichhaltige Angebote zeigten, daß wir nicht alle hätten berücksichtigen können. Außerdem können die in diesen Katalogen nicht bzw. nicht mehr genannten Sorten anderweitig noch erhältlich sein. Wir konnten ja nur eine kleine Auswahl von Firmen nennen.

Zunächst eine Buchbesprechung:

„Dieses von den Mitarbeiterinnen der Abtei Fulda herausgegebene Büchlein vermittelt den Eindruck der sorgsamen Betreuung, welche die Pflanzen im dortigen Garten erfahren: Alles ist ausgerichtet auf die Erzeugung höchster Nahrungsqualität durch Beachtung aller biologischen Maßnahmen für einen gesunden Anbau. Von der vorbereitenden Pflege des Bodens, über die Wahl der rechten Sorte, die Bestimmung des Ortes für die Pflanzung, das Pflanzen selber, die Bodenpflege und die Düngung, Wachstumspflege und Schnitt, die Abwehr von Pilz- und Insektenbefall durch pflanzliche Pflege- und Abwehrmittel — alles ist aus der persönlichen, intimen Erfahrung ausführlich beschrieben. Und in einer Art, die es auch einem wenig geübten Hausgärtner leichtmacht, die Ratschläge zu befolgen. Eine ausführliche ‚biologische Spritztabelle' und ein Verzeichnis von Lieferanten für diese Mittel beschließen dieses aus der Kleingartenpraxis geschriebene liebenswerte Büchlein."

Dr. Hans Heinze
Schriftleiter der Zeitschrift „Lebendige Erde"

Und dann das Urteil einer erfolgreichen Praktikerin:

„Ganz ausgezeichnet ist ihr Büchlein ‚Beerenobst im naturgemäßen Anbau'. Nach richtigem Schnitt, Mulch und Düngen haben unsere schwarzen Johannisbeeren, die fast gar nichts mehr und nur noch winzig kleine Beeren trugen, uns in diesem Jahr mit einer reichen Pracht von schönen großen Beeren erfreut."

Lindau, 1. Juli 1975 E. S.

Gleiche Freuden wünscht allen Beerenfreunden

Ihre

10. Februar 1976 Abtei Fulda

Erdbeere

Fragaria vesca = Walderdbeere. L

Fragaria elatior grandiflora = Gartenerdbeere. L

„Eßbarer Duft!“ So haben schon die Alten unsere kleine bescheidene Walderdbeere genannt. Damit ist das Charakteristische der Erdbeere als solche ausgesprochen:
Aroma, Duft hat ihr den botanischen Namen gegeben.
Wird es kaum möglich sein, in der Kulturerdbeere, unserer Gartenerdbeere, jenen einzigartigen Duft des Wildlings zu erreichen, der oft schon – den Augen unsichtbar – seine Nähe unter anderen Wildgewächsen in Waldschlägen und -lichtungen verrät, so hat doch gerade eine der Erdbeere naturverwandte Pflege schon großartige Erfolge erreicht: Aus der kleinen, unscheinbaren Walderdbeere ist der großfrüchtige, an Aroma und Geschmack nicht unähnliche Nachkömmling zutage gebracht worden.
Eigentlich ist es die „Scheinfrucht“ der kleinen Staude, die uns diese köstliche Speise beschert, denn die Frucht – der Same – liegt ausgestreut als helle Körnchen über der ganzen Erdbeere.

Standort und Boden

Unter strahlender Sonne, leicht beschützt und beschattet von den sie umgebenden Wiesen- und Waldrandkräutern, fühlt sich der Wildling wohl und gedeiht vortrefflich; so aber weist er auch den Weg zu einer artgemäßen Kultur der Gartenerdbeere.
„In einer sauber gefegten Gartenstube“ (Prof. Rusch), einem peinlich von Unkraut gereinigten Gartenbeet fühlt sich die Erdbeere nicht wohl.
Ben Easy schreibt in seinem Gartenbuch: „Gewisse Pflanzen, zumal die Erdbeeren, scheinen in Gemeinschaft mit ein paar

Unkräutern besonders gut zu gedeihen und eher vom Befall tierischer und pflanzlicher Schädlinge verschont zu bleiben. . . . Eigentlich ist das Jäten nur im ersten Jahr nötig, bis die Pflanzen kräftig sind, später genügt das Mulchen, um sowohl den Boden feucht als auch die Beete rein zu halten. Ein wenig Unkraut ist unschädlich, ja sogar nützlich."

Natürlich soll damit nicht der Verunkrautung der Erdbeerkultur das Wort geredet werden. Auch hier gilt das Wort von der „Maßhaltung", die gerade durch die Mischkultur – auch bei Erdbeeren! – ihre besten Erfolge gebracht hat.

Die Vorliebe der Erdbeere für Pflanzengemeinschaft gibt auch die Möglichkeit, sie reihen- oder beetweise in die Mischkultur eines Gemüsegartens einzuordnen.

In Südost- und Südwestlage, durch Windschutzpflanzung vor Spätfrösten geschützt, in mildem, humosem Lehmboden, auch noch in sandigem Lehm bringen die Erdbeeren gute Erträge. Leichter Sandboden kann durch gute Humusgaben verbessert werden; Gesteinsmehle, über den Komposthaufen gegeben, und Bodenbedeckung tun das übrige.

Wie die Walderdbeere Raine und auch Böschungen bevorzugt, so gedeiht die Gartenerdbeere auch gut auf kleinen Erdwällen. Die Früchte werden von der Sonne besser erreicht und entgehen leichter der Berührung mit nassem Boden. Das Anhäufeln von Erdmasse erhöht überdies die Bodenlebendigkeit und damit die Fruchtbarkeit.

In diesem Zusammenhang sei auf die Schrift „Hügelkultur statt Flachkultur" von Hermann Andrä hingewiesen, die bereits durch viele Erfolge bestätigt worden ist. Kräftige, gesunde und widerstandsfähige Pflanzen waren die Folge einer besseren Wurzelentwicklung, was naturnotwendig zu reicheren Ernten führt.

Ungünstig, ja schädlich kann eine Erdbeerpflanzung unter Bäumen werden, da der Tropfenfall der Baumkrone Fruchtfäule begünstigt.

Als gute Bodenvorbereitung für eine Neupflanzung im Juli/August hat sich die Anpflanzung von Frühgemüse erwiesen: Frühkartoffeln, Frühkohlrabi, Jungerbsen, Salate. Eine sehr gute Vorfrucht für Erdbeeren ist auch die Steckzwiebel, die das Land bereitet.
Hat man Brachland vor sich, so ist eine **Gründungeinsaat** von stickstoffsammelnden Leguminosen von großem Wert.
Bitterlupine, möglichst früh ausgesät, wird vor der Blüte geschnitten und als Bodenbedeckung liegengelassen. Ein so gelockerter, garer Boden mit ausreichender Feuchtigkeit ist ja die beste Voraussetzung für gesundes Wachstum und die daraus sich ergebende Widerstandskraft der Pflanze.

Sortenwahl

Beim Ankauf von neuem Pflanzgut muß man sorgfältig vorgehen. Oft wird ja mit dem neuen Setzling die Ursache für eine spätere Erkrankung in den Garten getragen. Wenn möglich, wählt man Neupflanzen aus biologisch gezogener Kultur.
Die ertragreichste und schönste Frühsorte, gegen Abbau unempfindlich, ist die selbstfruchtende Sorte

Regina. Ihr Geschmack ist angenehm süß-säuerlich. Die Pflanze selbst ist winterhart und in trockenen Zeiten widerstandsfähig. In feuchtwarmen Gebieten jedoch ist sie leicht mehltauanfällig.

Macherauchs Früherernte blüht etwas später, ist aber gleichfalls winterfest und gedeiht gut auf leichten und schweren Böden. Regina und Macherauchs Früherernte sollten in mehltaugefährdeten Gebieten vorbeugend v o r Beginn b i s Mitte der Blüte dreimal in Abständen von ca. 10 Tagen gegen Mehltau gespritzt werden. Wir empfehlen für diese Spritzung Schachtelhalmtee: Schachtelhalm-Zinnkraut-Tee, 20 g auf 1 Liter Wasser kochen, nach Abkühlung fünffach verdünnt, bei Sonne ausspritzen.

Lihama mit hohem Vitamin=C=Gehalt, $1^1/_2$fach höher als in der Zitrone und der Orange. Große, haltbare, dunkelrote Früchte.

Senga Precosa, eine neue, frühreifende Sorte. Sie ist zwitterblütig und kann einer eingeschlechtlichen Pflanze zur Befruchtung beigegeben werden.

Senga=Sengana, mittelfrüh, bringt hohe Erträge. Die Pflanze ist von robustem, gesundem Wuchs und widerstandsfähig gegen Milbe, Mehltau und Blattfleckenkrankheit. Da die Blüte in Laub versteckt liegt, ist sie gegen Frost geschützt.

Senga=Gigana, ebenfalls mittelfrüh und von starkem Wuchs, mit süßsauren Beeren.

Gorella, eine holländische Sorte mit großen, fleischigen Früchten, ist Massenträger.

Vigerla, ebenfalls mittelfrüh, eignet sich besonders zum Einmachen und Einfrieren.

Asieta ist Massenträger mit großen Früchten, auch bei Regen und starker Sonne von guter Haltbarkeit. Gegen Nachtfröste völlig unempfindlich.

Dir. Paul Wallbaum ist ebenfalls gegen Spätfröste kaum empfindlich. Sie ist von besonders feinem Aroma und eignet sich ausgezeichnet als Gefrierbeere, die nach dem Auftauen von gleicher Güte ist. Da sie nur weibliche Blüten hat, muß zur Sicherung eines guten Fruchtertrages eine zwitterblütige Sorte zur Befruchtung in ihrer Nähe stehen.

Macherauchs Dauerernte bringt von Juni bis November – mit einer 14tägigen Unterbrechung Ende Juni – ununterbrochen große, wohlschmeckende Früchte. Diese Sorte eignet sich gut für Erdbeerspaliere, da ihre jungen Ranken, kaum daß sie da sind, zu blühen beginnen und so – hochgebunden – ein schönes Gartenbild abgeben.

Macherauchs Späternte. Späteste Erdbeersorte, mittelstark, mit gesundem Wuchs. Sie stellt keine hohen Ansprüche an den Boden, doch in nassen Lagen ist sie mehltauempfindlich; darum sollte sie in Abständen immer wieder mit Schachtelhalmtee gespritzt werden, bei Befall auch während des Blühens und Fruchtens. Zum Einmachen und zum Gefrieren eignet sie sich sehr gut und behält ihren feinen aromatischen Geschmack bei. Doch bringt Macherauchs Späternte – wie Dir. Paul Wallbaum – nur weibliche Blüten hervor und bedarf einer Zwittersorte zur Befruchtung.

Zu all diesen mehr oder weniger jüngeren Sorten, die in den letzten Jahren entwickelt worden sind, behalten unsere guten älteren Erdbeersorten ihren, bei entsprechender Kultur, bedeutenden Wert. Da ist besonders die Sorte

Frau M. Schindler mit ihrem leuchtend- bis dunkelroten Fruchtfleisch, dem kleinen dunkelgrünen Blatt und den reichlichen Ausläufern. Für die Haushaltskonservierung am besten zu empfehlen.

Georg Soltwedel mit länglich-großer Frucht. Sie ist wohl die beste Erdbeersorte, im Wuchs stark und gesund. Doch darf sie nicht zu lange auf einem Platz stehenbleiben, in den beiden ersten Jahren liegt ihr Höchstertrag.

Oberschlesien ist leider zu stark vermischt und nicht mehr rentabel.

Pflanzung

Bei Ankunft gekaufter Neupflanzen müssen diese sofort ausgepackt und die gelösten Wurzelbünde einige Minuten ins Wasser gelegt werden.

Man pflanzt möglichst bei bedecktem Himmel oder nach Regen. Die beste Zeit zur Neupflanzung von Erdbeeren ist erwiesenermaßen Ende Juli/Anfang August. Versuche haben ergeben, daß der Ertrag im nächsten Jahr 30 bis 40 Prozent höher liegt als bei Septemberpflanzung. Die schon früher gesetzten Pflanzen können sich stärker bewurzeln und kommen so kräftiger in den Winter hinein, was zugleich die Widerstandskraft der Pflanze gegen die Schädlinge des nächsten Jahres erhöht.

Wer Erdbeeren erst im Frühjahr pflanzt, kann im gleichen Jahr kaum Frucht erwarten.

Der durch die Vorfrucht oder die Grüneinsaat gut gelockerte Boden sollte 1 bis 2 Wochen vor der Auspflanzung bereitet werden, damit er genügend abgesetzt und zum schnellen An=wurzeln bereit ist.
Mit gut verrottetem Mistkompost wird das Erdreich gedüngt. In Ermangelung von Stalldungkompost nimmt man den ge=wöhnlichen Pflanzenkompost, dem man vorteilhaft — wenn möglich schon beim Kompostbau eingestreut — Horn= und Knochenmehl, Algenmehl oder „Peru=Guano" (ausländischer Vogeldung) und eine Einstreu (1 bis 2 Prozent) von Gesteins=mehl beimischt.
Auch die sogenannte Lochdüngung mit dieser Kompostmischung beim Pflanzen kann etwaigen Bodenmangel ausgleichen. Man gibt eine Handvoll der genannten Dungmischung in jedes Pflanzloch; so kann sich eine allgemeine Bodenarmut kaum schädlich auswirken.
Wird dem Komposthaufen beim Bau eine Farnkrautzugabe ge=geben, so steigert sich der Kaligehalt des reifen Kompostes, was sich auf Obst und Beeren sehr gut auswirkt.

Beim Erdbeeranbau in der Mischkultur eines Gemüsegartens hat sich erfahrungsgemäß die Reihenanlage am besten bewährt. In Reihenabständen von ca. 1 m, mit Pflanzenabstand von 25 bis 30 cm, bleibt die Möglichkeit eines guten Trittweges zur Zeit der Ernte und einer Zwischenpflanzung bis in den Winter hinein.
Da sind es vor allem die Laucharten P o r r e e und K n o b=l a u c h, die durch ihre Nachbarschaft das Wachstum der Erdbeerpflanzen anregen; der W i n t e r k o p f s a l a t, der den Boden vor dem Austrocknen bewahrt und zugleich selber im ersten Wachstumsstadium durch die Erdbeerpflanzen ge=schützt wird. Dann die G a r t e n k r e s s e mit ihrem hohen Vitamin=C=Gehalt, die für eine Herbsternte noch im September gesät werden kann.
Vor allem aber der F e l d s a l a t. Er gehört zu den Baldrian=

gewächsen, deren Wirkstoff indirekt über das Regenwurm=leben die Erdbeerkultur fördert, wie uns u. a. Fachleute, auch Dipl.=Ing. agr. Bayer, aus eigener Erfahrung mitteilen. Man sät den Feldsalat in Einer= oder Zweierreihen zwischen die Erd=beerreihen. Er durchwurzelt das Erdreich und hält den Boden locker und feucht; im Winter ist er ein rechter Schneefänger, der die Erdbeerpflanzung vor Frostschäden bewahrt. Ob man Feld=salat für die Herbst= oder Frühjahrsernte sät, immer ist er eine ideale Zwischenkultur für Erdbeeren, ganz zu schweigen von seinem eigenen hohen Nährwert und seinem Vitamin=C=Gehalt. Eine sehr rentable Zwischenpflanzung für Herbst und Winter ist auch der S p i n a t (siehe unseren Gemüsebau! Spätaussaat von Spinat, Juli/Sept.). Auch hier haben wir den Schneefänger, der vor Frost schützt, den Boden locker und gleichmäßig feucht hält. Ist aber der Spinat abgeerntet, so sind es seine wertvollen Rückstände, die der Erdbeerkultur zugute kommen. Man lockert im Frühjahr die Spinatreihen und läßt die Überreste als Mulch liegen für die Erdbeerpflanze.
In der Frühjahrsbestellung sind es dann die verschiedenen Frühgemüse, die in der Kulturzeit dem Wachstum der Erdbeeren nützlich werden. Vor allem S t e c k z w i e b e l n gehören in die Zwischenreihen, dann K o p f = und P f l ü c k s a l a t e und S p i n a t, frühe E r b s e n und B u s c h b o h n e n, F r ü h m ö h r e n und K o h l r a b i. Kohlarten haben sich nicht immer günstig erwiesen.

Will man aber bei der älteren Gewohnheit eines gesonderten Erdbeer b e e t e s bleiben, so ist die 1 m Breite für zwei Erd=beerreihen, im Pflanzenabstand von 30 bis 40 cm — je nach Wuchs der Sorten — oder auch im Verband gesetzt, die bewährte Art.
Auf ein H ü g e l b e e t (siehe Andrä, „Hügelkultur"!) setzt man am besten die Erdbeerreihe in die oberste Mitte, wo sie von der Sonne erreicht wird und die reifen Beeren nicht auf den Boden zu liegen kommen.

Beim Pflanzen wird immer nur ein Teil des Kompostes in den Boden geharkt, der andere Teil als Bodenbedeckung nach der Pflanzung darübergelegt.
Man muß achten, daß man nicht zu tief setzt. Das Herz der Pflanze muß mit dem Boden abschließen. Ist das Erdreich trocken, so wartet man einen guten Regen ab oder bewässert Boden und Pflanzloch. Erst wenn sich die Erde gesetzt hat, wird die Pflanze eingeführt, das Erdreich fest angedrückt und mit dem Rest des Kompostes gemulcht.

Im Herbst bekommt dann die ganze Erdbeeranlage eine reich=liche Schachtelhalmspritzung bei hellem Wetter zur Förderung der Wurzel= und Blattbildung.
Über Winter kann die Jungpflanzung leicht abgedeckt werden mit Tannenzweigen, Laub oder Stroh, doch nicht vor dem Frost.
Hat man eine gute, reichtragende Erdbeersorte, so kann man durch die jährlichen Ausläufer seinen Bedarf an Neupflanzen selber decken, was für die Einheitlichkeit der biologischen Kultur von großer Bedeutung ist.
Während der Erdbeerernte kennzeichnet man die besttragenden Mutterpflanzen. Sogenannte Böcke, Stauden, die nur männliche Blüten, doch keine Früchte entwickeln können, werden entfernt. Sie entwickeln oft frühzeitig die besten Ausläufer, die leider in Unkenntnis der Sachlage dann zu Neupflanzungen benutzt werden und nur Mißerfolg bringen. Während die am reichsten tragenden weiblichen Stöcke mit der Rankenbildung natur=gemäß am spätesten beginnen.
Von gesunden, reichtragenden Pflanzen nimmt man nun lau=fend die gut bewurzelten und entwickelten Ausläufer vor=sichtig ab und setzt sie provisorisch in 5 bis 10 cm Abständen zur Weiterentwicklung in lockeren, humosen Boden für die Neuanlage im Juli/August. In den ersten Tagen müssen diese Pflanzen häufiger berieselt und schattig gehalten werden. Erst langsam gewöhnen sie sich an das Sonnenlicht und erstarken. Alle nicht benötigten und schwachen Ranken müssen nun von

der Mutterpflanze entfernt werden zur besseren Entfaltung der Frucht; überdies nehmen auch die Ranken der tragenden Pflanze viel Kraft weg für die Neubildung der Blütenknospen des nächsten Jahres.

Pflege während der Kulturzeit

Im nächsten Frühjahr, sobald die Winterdecke entbehrlich ist, werden die Erdbeerreihen freigelegt, denn die Bedeckung kann die Erwärmung des Bodens im Frühjahr beträchtlich verzögern. Der noch vorhandene Herbstdung wird leicht eingeharkt. Wegen der flachlaufenden Wurzeln ist hierbei größte Vorsicht geboten, vor allem bei Jungpflanzen.
Haben die Kulturen unter Frost gelitten, was meist nur dann vorkommt, wenn sie trocken und humusarm in den Winter kommen, oder ist die Düngung nach der Ernte des Vorjahres versäumt worden, so wird bei dieser Bodenarbeit Pflanzen=kompost, der mit Gesteinsmehl aufgebaut wurde, ins Erdreich geharkt. Jeder andere organische Dünger aber, vor allem Stick=stoffzufuhr, ist im Frühjahr fernzuhalten. Er würde nur die Blattentwicklung fördern, die Fruchtentwicklung dagegen hem=men und für Krankheit anfällig machen.
Gesteinsmehle jedoch, vor allem Basaltmehl mit seiner 30= bis 40prozentigen Kieselsäure, steigern die Fruchtbarkeit und wirken fördernd auf Aroma und Geschmack der Beeren. Doch sollte die Einstreu der Gesteinsmehle immer über den Kom=posthaufen gehen, um seine Werte so den Pflanzenwurzeln schneller aufnehmbar zu machen.
Nach dieser Düngung erhält der Boden der ganzen Erdbeer=kultur eine Baldrianblütenspritzung zur Anregung der Blüh=freudigkeit, was gleicherweise eine bessere Fruchtbildung zur Folge hat.
Eine solche Baldrianblütenspritzung ist auch eine Schutzmaß=nahme gegen etwaige Nachtfröste. Sie kann daher wiederholt werden, sobald sich solche anzeigen. Baldrian entwickelt

Wärme; und die bespritzten Teile der Pflanze sind gegen späten Frost, Reif und Schnee geschützt, wie uns u. a. auch ein Bericht in der „Leb. Erde", Heft 1, Jahrgang 1965, meldet. Solche Spritzungen können vor allem zur Zeit der Obstblüte die Kulturen retten.

Nach guter Bewässerung werden nun die Erdbeeren gemulcht. Bis zur Blüte sollte diese Arbeit unbedingt getan sein.

Bodenbedeckung ist Wasser= und Sonnenschutz: Starker Regen dringt langsam ins Erdreich ein; brennende Sonne kann den bedeckten Boden nicht austrocknen.

Unter einer ca. 10 cm hohen Mulchschicht bleibt das Land krümelig und gleichmäßig feucht, das Unkraut kann sich nur spärlich entwickeln, und die reifen Beeren bedürfen keiner eigenen Unterlage.

Die den Erdbeeren arteigene Bedeckung ist der sogenannte „Waldbodenkompost". Diesen hat man im Vorjahr aus einer Mischung von halbverrottetem Laub und abgelagerten Tannen=nadeln, mit etwas lehmiger Erde als Einstreu, bereitet und mit „Humofix" aktiviert. Bevor man einen so bereiteten Kompost aufs Land bringt, kann man ihn vorteilhaft mit Torfmull mischen.

Auch Farnkraut ist ein idealer Erdbeerenmulch.

Wem die Gelegenheit günstig ist, der sollte das Mulchen mit Seetang probieren, der auch als Algenmehl ein bekanntes Düngemittel erster Güte ist.

In Ermangelung rechten Mulchmaterials hat man schon zu Sägemehl und =spänen gegriffen und mit gutem Erfolg, wenn beide genügend abgelagert und nicht frisch verwandt werden.

Sind so die Kulturen bereitet, kann eine Spritzung vor und eine gleiche kurz nach der Blüte erfolgen zur Festigung der Pflanze gegen Krankheiten und Schädlingsbefall. Zu diesem Zweck empfehlen wir die Spritzmittel der Firma Cohrs (siehe Seite 119), für Erdbeeren in der kombinierten 2prozentigen SPS=

und 1prozentigen Polymaris=III=Lösung, einem Algen= und Kräuterpräparat.
Während der Reifezeit wollen Erdbeeren in Ruhe gelassen sein. Jede Bodenarbeit, aber auch jede Bewässerung ist zu meiden. Der Wert einer guten Bodenbedeckung zur Erhaltung der Bodenfeuchtigkeit kommt gerade in dieser Zeit zur vollen Geltung. Nur in sehr trockenen Jahren prüft man die Feuchtig= keit u n t e r dem Mulch. Ist das Erdreich trocken, dann muß gegossen werden. Kleine, kümmerliche Früchte wären sonst das Ergebnis.
Reife Erdbeeren sollen so geerntet werden, daß nur der Stiel, nicht aber die Frucht mit den Händen berührt wird, was dem Aroma zum Nachteil gereichen würde. Am besten benützt man eine Pflückschere, wie dies auch bei der Weinernte geschieht. Man erntet frühmorgens, ehe noch die Sonne die Beeren er= wärmt hat, und am Abend, ehe die Nachtschnecken ihre Ernte halten.
Sind die Beeren abgeerntet, wird die ganze Anlage sogleich gereinigt und für das neue Kulturjahr vorbereitet.
Alle Ausläufer werden abgenommen, doch keineswegs die Blätter abgeschnitten. Das Blattwerk schützt nicht nur das Herz der Pflanze über Winter, sondern deckt auch den Pflanzen= boden. Naturgemäß stirbt das alte Laub erst ab nach der Neu= bildung der jungen Blatttriebe im nächsten Frühjahr.
Dann wird der Mulch, der während der Kulturzeit den Boden geschützt hat, soweit es sich um Sägemehl, Holzspäne oder Torfmull handelt, beiseite geharkt. Die Verrottung von Säge= mehl dauert mehrere Jahre, eine Übersäuerung des Bodens wäre die Folge zu starker Vermischung.
Vorsichtig — wegen der hochliegenden Saugwurzeln! — wird nun das Erdreich leicht gelockert. Danach wird die ganze Kultur gründlich bewässert.
Ein gut verrotteter Mistkompost oder in Ermangelung dessen ein mit Horn= und Knochenmehl oder „Peru=Guano" (siehe oben, Seite 12!) reichlich gemischter Pflanzenkompost wird dann

dem Erdreich eingeharkt und auch als Decke darübergelegt. Der Dauermulch, der für die Düngung zur Seite geharkt wurde, wird nun wieder darüber gebreitet und kann auf diese Weise mehrere Jahre seinen Zweck erfüllen.
Drei Jahre kann eine guttragende Erdbeersorte bei entsprechender Pflege am gleichen Platz verbleiben. Der heute herrschende schnelle Abbau jüngerer Sorten hat den einjährigen Anbau zur Folge gehabt; doch ist dies mehr das Anliegen eines Großbetriebes, das den Kleingarten als solchen mit seiner naturgemäßen Pflanzengemeinschaft kaum berührt. Auch der Wechsel der Erdbeerreihen mit jenen der Zwischenkultur sorgt für den Ausgleich des Bodens.
Die Neueinsaaten von Gemüse in Mischkultur mit Erdbeeren, wie sie auf Seite 12/13 für Herbst und Winter angegeben sind, können nun erfolgen: Kresse, Feldsalat, Spinat und auch die zweijährige Kultur der Schwarzwurzeln, die, geschützt vom Erdbeerlaub, gut aufgehen (siehe unseren „Gemüsebau"!).
Im Herbst bekommt die ganze Erdbeeranlage eine gründliche Schachtelhalmspritzung, je nach Stand und Befall des laufenden Jahres in Wiederholung von drei Tagen. Auch das Begießen der Erdbeerpflanzen mit Schachtelhalmwasser hat den gleichen Erfolg. Durch diese Maßnahme kräftigt sich die Pflanze, wurzelt gut an, und etwaige überwinternde Schädlinge werden getötet.

Schädlinge und Krankheiten

Erd- und Himbeerkulturen werden gern von Maikäfern zur Eiablage aufgesucht, doch nur dann, wenn der Boden fest und unbedeckt ist. Die beste Köderpflanze zur Vernichtung der Engerlinge ist Kopfsalat, den man zwischen die Erdbeerreihen pflanzt. Findet man am frühen Morgen trauernde Salatpflanzen, so hebt man diese mit der sie umgebenden Erde heraus und tötet die Fresser, die am Wurzelballen leicht zu finden sind.

Reife Früchte werden gern während der Nacht von A c k e r=s c h n e c k e n aufgesucht. Der Schaden ist erheblich. Tannen=nadeln und Gerstenspreu als Mulch halten Schnecken zurück. Flache Schalen mit Bier gefüllt, ziehen sie an. Man setzt diese Lockmittel so in die Erde, daß die Schnecken sich selber darin fangen.

Noch einfacher ist das Auslegen kleiner, feuchter Bretter zwi=schen Reihen und Pflanzen der reifen Erdbeeren. Nach dem nächtlichen Fraß suchen die Schnecken unter diesen Brettern ihren Tagesunterschlupf. In Massen können sie dort gefangen und vernichtet werden.

Am besten aber entspricht der biologischen Arbeit das Ein=gehen auf die Gesetze der Natur: Die natürlichen Feinde der Schnecken sind die Kröten. Wegen ihrer großen Nützlichkeit stehen sie unter Naturschutz; sie dürfen nicht vernichtet wer=den (siehe „Wink" Nr. 55, 5. Jahrgang!). Ein jeder Garten sollte ein Pärchen haben; an einem feuchten, dunklen Platz Steine und Holzabfälle zu ihrem Unterschlupf. Auch Eidechsen, Blind=schleichen und der Igel gehören zu den Schneckenvertilgern.

Auch D r a h t w ü r m e r können den Erdbeerpflanzen zum Verhängnis werden, vor allem dort, wo der Garten in Wiesen=nähe liegt. Der Drahtwurm ist die Larve des Saatschnellkäfers, bis 2 cm lang, weißlich=gelb bis hellbraun gefärbt. Mit Vor=liebe frißt er Erdbeerwurzeln. Die Pflanzen welken dahin, und man weiß nicht warum. Am besten ködert man die Würmer mit Kartoffelstücken, die man in Abständen von 2 cm tief in den Boden der Erdbeerkultur legt. Die genau bezeichneten Stellen kontrolliert man am Morgen und vernichtet die Wür=mer, die sich im Köder festgesetzt haben.

Aber dieses Verkümmern der Erdbeerpflanzen kann noch einen anderen Grund haben. Junge Blätter verfärben sich und ver=dorren, alte Blätter rollen sich ein. Anomale Blattbildung ist das Erkennungszeichen eines kaum sichtbaren Schädlings, der E r d b e e r m i l b e. Pflanzen, die in der Jugend davon be=

fallen wurden, behalten dies gekräuselte Aussehen an ihren Blättern.
Die erste Hilfe ist ein starker Kaltwasserstrahl ins Herz der Pflanze. Oft ist damit der Schaden schon beseitigt. Je früher man den Milbenbefall merkt, um so sicherer die Bekämpfung, denn im Frühjahr sind es immer nur wenige weibliche Milben, die überwintert haben. Sie sitzen tief in den Blattscheiden drin. Anfang Mai ist die erste Eiablage. In 10 bis 30 Tagen, je nach Witterung, sind die fortpflanzfähigen Milben entwickelt. So geht es den ganzen Sommer hindurch, bis kühleres Wetter kommt. Einmal befallene Pflanzen sollte man sofort heraus=reißen und die ganze Kultur im zeitigen Frühjahr wiederholt spritzen. In akuten Fällen hat sich die SPS=Polymaris=II=Sprit=zung bewährt (siehe Spritzmittel der Firma Cohrs, Seite 119, Kräuter= und Algenpräparate!), bei bedecktem Himmel oder abends, Blätter von oben und unten spritzen.
Auch die Knoblauchspritzung, wie sie in unseren „Winken", Jahrgang 1961, Nr. 6, unter „Erdbeermilbe" bekanntgemacht wurde, hat gute Erfolge. Man zerschneidet 70 g Knoblauch, überbrüht ihn mit 1 Liter kochendem Wasser, 7fach verdünnt, und begießt die befallenen Pflanzen gründlich damit. Da die Milben in den Blattritzen unterhalb des Blattes sitzen, müssen die Blätter hochgehoben werden. Der Knoblauchgeruch ver=fliegt, ohne den Erdbeeren von ihrem Aroma etwas zu nehmen.

Vorbeugungsmaßnahmen sind vor allem einwandfreie Neu=pflanzen, denn die Spinnmilbe wird oft eingeschleppt durch neue Sorten. Gesunde Pflanzen sind die Vorbedingung einer Neu=pflanzung. Bodenbedeckung und Gesteinsmehldüngung im Frühjahr machen die Pflanzen widerstandsfähig. Zeitige Früh=jahrsspritzung, doch nicht unter einer Tagestemperatur von 10 Grad. Spritzungen gegen Milben bei kaltem Wetter bleiben ohne Erfolg. Eine dreimalige Spritzung, Anfang Mai, in Ab=ständen von drei Tagen ist notwendig, weil sie oft nicht bei der 1. und 2. Spritzung getötet werden. Diese Spritzaktion muß sofort nach der Ernte wiederholt werden. Da die Milbe wie auch die Blattlaus Viruserkrankungen überträgt, darf der Mil=benbefall nicht übersehen werden.

Zur Zeit der Erdbeerblütenknopse kann ein gefährlicher Schäd=ling die Ernte in Frage stellen. Ein Rüsselkäfer, der Erd=beerblüten= und =stengelstecher, der auch den Himbeeren zum Verhängnis wird, sticht die Knospe an oder auch die Stiele der Blütenstände. In jedes Loch legt er sein Ei. Die Blütenknospen lassen ihre Köpfe hängen und vertrocknen. Die angestochenen Knospen müssen sofort mitsamt dem Stiel entfernt und vernichtet werden, ehe noch die Larve ausschlüpft. Diese Schnellmaßnahme kann die Kulturen retten. Sofort nach der Beerenernte aber muß die Pflanzung mit „Parexan", einem Derrispräparat, gespritzt oder bestäubt werden, dreimal in Ab=ständen von acht Tagen. Dabei wird auch der Boden mitge=spritzt. Eine Rainfarnspritzung in den Boden tut den gleichen Dienst, denn die Puppe der Larve überwintert im Erdreich. Eine gute Vorbeugungsmaßnahme ist die Bodenbedeckung mit Farnkraut im zeitigen Frühjahr oder bei der Bodenberei=tung nach der Ernte (letztere Zeitangabe ist zur Schonung der Farnkrautbestände im Frühjahr in Wald oder Garten vorzuzie=hen). Farnkraut läßt kein Ungeziefer hochkommen.

Vernachlässigte Kulturen zeigen oftmals eine kümmerliche Pflanzenentwicklung, die an Viruserkrankung denken läßt. Doch kann es sich bei solchen Erscheinungen auch um ver=seuchte Böden handeln, die für eine gesunde Pflanzung un=tauglich sind, weil schädlicher Nematoden = Älchen=Faden=würmerbefall vorliegt, eine Folge falscher Bodenbewirtschaf=tung. Sobald man eine solche, an Verkrümmung leidende Pflanze bemerkt, muß sie mit ihren Nachbarpflanzen heraus=gerissen und vernichtet werden. Ein Boden, der Erdbeer=älchen anzeigt, darf mehrere Jahre nicht für den Erdbeer=anbau gebraucht werden. Gesunde Humuswirtschaft, tiefgehen=de Grüneinsaaten, richtige Fruchtfolge sind die natürlichen Heilmittel solcher Bodenschäden. Doch muß man beim Ein=

bringen des guten Kompostes darauf achten, daß er flach ein=geharkt wird, den in der o b e r e n Bodenschicht lebenden Organismen erreichbar. Gesteigertes Bodenleben nämlich ist d a s wirksame Gegengewicht gegen Bodenschädlinge.
Zur Zeit der Reife sind es vor allem auch die V ö g e l , die uns die Ernte streitig machen. Da gibt es nun große Drahtgestelle, die man basteln und über die Erdbeerreihen stülpen kann. Auch alte Gardinen und Fischernetze lassen sich zur Abwehr benutzen. Plastiknetze für Vogelabwehr liefern eine Hambur=ger Firma: Aug. Hohmann & Söhne, 2000 Hamburg 20, Eppen=dorfer Landstraße 61, und andere Gartenbedarfshandlungen.

Neben den tierischen Schädlingen sind es die Krankheit er=regenden Pilze, die eine Erdbeerernte beeinträchtigen können. Reichtragende Stauden, die ihre Kräfte verausgabt haben, werden leicht durch die W e i ß f l e c k e n k r a n k h e i t be=fallen. Auf den Blättern erscheinen helle, weißliche Flecken mit braunen Rändern. Wiederholtes Spritzen mit Schachtelhalmtee oder in Ermangelung dessen mit Natrium=Wasserglas, weil kieselsäurehaltig wie Schachtelhalm, ist die beste Vorbeu=gungs= und Abwehrmaßnahme.
Die gleiche Spritzung trifft auch den E r d b e e r m e h l t a u , der besonders in regnerischen Jahren einige dafür disponierte Sorten anfälllt. An der Unterseite der Blätter macht sich — meist gleich nach der Ernte — ein weißflaumiger Pilzbelag be=merkbar. Ein kräftiger Strahl Schachtelhalmtee in das Blatt=werk hinein, gleich nach der Ernte, in dreimaliger Wieder=holung und die gleiche Behandlung im Frühjahr (siehe Seite 14!) genügen meistens, um die Kultur zu reinigen und gegen neuen Befall zu sichern.
Gefährlicher ist der G r a u s c h i m m e l , der leider oft mit der L e d e r f ä u l e endet. Reifende Früchte faulen, die Farbe verändert sich. Wird die befallene Frucht nicht sofort abge=nommen und vernichtet, werden andere angesteckt; fällt sie zu Boden und bleibt in den Reihen liegen, werden andere Pflanzen=

teile vom Pilz befallen bis in die Wurzeln hinein. In nassen Jahren, vor allem auch durch künstliche Berieselung der Erd=beerkulturen, kann die Gefahr dieser Erdbeerfäule stark be=günstigt werden. Wie bereits erwähnt, will die Erdbeere zur Zeit der Reife in Ruhe gelassen sein. Nur im Notfall eines trockenen Sommers wird der B o d e n , nie die Pflanze, be=wässert.
Kleine kümmerliche Pflanzen mit gekräuselten Blättern und brüchigen Stengeln, Gilben der Blätter und ähnlichen Verfalls=erscheinungen k ö n n e n auf V i r u s e r k r a n k u n g deu=ten. Sobald eine Erdbeerstaude diese Anzeichen gibt, muß sie ausgerissen und vernichtet werden. Das Sauberhalten der Kul=turen von faulenden und krankenden Pflanzenteilen ist die Vorbedingung eines gesunden Erdbeeranbaues. B l a t t=l ä u s e und M i l b e n gleich im Beginn durch Brennessel= oder in stärkerem Stadium mit Derris=Pyrethrum=„Parexan"=Sprit=zungen abbrausen, denn Läuse wie Milben sind virusübertra=gende Schädlinge.
Vorbeugende Spritzungen nach der Ernte und im Herbst mit kieselsäurehaltigen Mitteln (Schachtelhalm, Wasserglas), im Frühjahr bis in die Blüte hinein Schachtelhalm, verbessern nicht nur die Qualität der Früchte, sondern sichern auch gegen Befall von Krankheiten und tierischen Schädlingen, weil die Pflanzen vor allem durch diese Behandlung erstarken und widerstands=fähig werden, auch wenn ein Schaden sie vorübergehend anfällt. Der andere Schutz sind die arteigene Bodenbedeckung und die natürliche Pflanzengemeinschaft, wie sie auf den ersten Seiten dieser Kulturanweisung geschildert wurden.

Spaliererdbeere

Die auf Seite 10 erwähnte Erdbeersorte „Macherauchs Dauer=ernte" ist wegen ihrer reich blühenden Ranken als Spalier=erdbeere beliebt geworden. An einer Hauswand, am Spalier, am Gartenzaun, sogar in Balkonkästen zieht man diese Ranken an einem kleinen Holzgestell hoch, oder man spannt Drähte, zwischen denen die Ranken munter weiterblühen zur Verschönerung von Garten, Haus und Veranda.

Monatserdbeeren

Auch die der Walderdbeere noch nahe verwandte „Fragaria vesca semperflorens", die immerblühende, kleine Erdbeere, ist eine Zierde für Garten und Balkon; in Geschmack und Aroma der Walderdbeere ähnlicher als unsere „Fragaria elatior grandiflora", die große Gartenerdbeere.

Im April/Mai wird die Monatserdbeere in Saatkästen ausgesät, pikiert und als Gartenzierde an Beet- und Wegrändern oder in Balkonkästen gepflanzt. Das Saatbeet muß bis zur Keimung gleichmäßig feucht gehalten und etwas beschattet werden. Die Monatserdbeere benötigt, mehr noch als die große Gartenerdbeere, den Waldhumusboden mit seinem Halbschatten. Vor allem liebt sie Blumengemeinschaft. Noch im Spätsommer kommt eine Frühjahrsaussaat zu Blüte und Frucht. Sät man jedoch im Juli/August, so muß die Pflanze vor Herbsteintritt an ihren Bestimmungsort versetzt sein. Über Winter bekommt sie eine leichte Schutzdecke; im Herbst und Frühjahr Spritzungen und Dung mit der Kultur der großen Gartenerdbeere.

Von Juni bis in den Frost hinein blüht und fruchtet sie in reicher Fülle. Gegen Schädlinge wird sie meist nach dem zweiten Kulturjahr genügend widerstandsfähig.

Sorten:

Die nichtrankende, sich am besten bewährende Sorte ist die **„Rügen"**. Die Beeren werden ca. dreimal so groß wie eine richtige Walderdbeere, mit ausgezeichnetem Aroma.

„Baron von Solemacher" ist eine Selectio aus „Rügen" mit runden, gleichmäßig reifenden Früchten, sonst jedoch kaum unterschiedlich zur Sorte „Rügen".

Gehalte und Verwendung

„Erdbeeren beruhigen die Blutwelle!"

Dieses Wort des alten Vaters Kneipp hat sich die Homöopathie zunutze gemacht, wenn sie Essenzen aus reifen Beeren bereitet zur Stärkung für Herzkranke und Genesende.
Neben organischen Säuren, hauptsächlich Zitronensäure, hat unsere Erdbeere 5,13 Invertzuckergehalt, der süßer ist als Rohrzucker, doch mit dem Nachlassen der Beeren auch wertloser werden kann.
Die kleinen Samenkörner, die ringsum auf der Scheinfrucht unserer Erdbeere liegen, also mitgenossen werden, haben ca. 13 Prozent fette Öle.
Es gibt eine Erdbeerallergie, die manchen Menschen das Erdbeeressen verleidet. Hier kann jedoch erfahrungsgemäß eine Kulturmaßnahme heilend einschreiten. Man spritzt — auch zur Zeit der Blüte und Frucht! — mit einem kieselhaltigen, gut verdünnten Schachtelhalmtee die Erdbeerkultur wiederholt ab. Solche gespritzten Beeren werden kaum zum Schaden sein.
Erdbeeren, täglich in gleichmäßiger Ration genossen, sind nach Kneipp auch ein Entschlackungsmittel, das Stein- und Leberleidenden Hilfe bringt.
Ebenso ist auch der Erdbeerblättertee ein in Geruch und Geschmack angenehmer Heiltrank; der Extrakt dieser Blätter erinnert an Rum. Allerdings nimmt der Gehalt der Blätter an Zitronenduft und Gerbstoff von Mai zum Oktober ab.
In einer Mischung von Erdbeer- und Waldmeisterblättertee gibt Kneipp einen vorzüglichen Tischtee bekannt, der, regelmäßig getrunken, harntreibend wirkt.
Bezüglich einer Blätterernte an Erdbeerkulturen muß natürlich Vorsicht walten, damit die Pflanze keinen Schaden leidet. Vor allem sind es auch die W a l d erdbeeren, die hier in Frage kommen.
In der Antike kannte man die Erdbeere als Heilpflanze nicht, erst im späten Mittelalter läßt sich die „Reformierte Deutsche

Apotheck“ über einen „Tranck aus Erdbeerkraut, gesotten mit Honig gegen Miltzsucht“ aus . . . Über die Frucht aber „als Kühlung gegen einen hitzigen Magen . . .“ (Kroeber, München-Schliersee, Apothekerdirektor i. R.).

Johannisbeere

a) rot und weiß

Ribes

Saxifragaceae = Steinbrechgewächse

Unsere heutige Kulturform der roten und weißen Johannisbeere ist aus Kreuzungen vieler Wildarten entstanden. Der Wildstrauch, der den Griechen und Römern unbekannt gewesen ist, hat seine Heimat teils in den Auenwäldern Westeuropas, teils in den Hoch- und Mittelgebirgen Nord- und Mitteleuropas bis in den Osten nach Asien hin.

Wenngleich die mittelalterlichen Lehrer der Botanik von der roten, weißen und schwarzen Johannisbeere noch schreiben, daß sie „eines unfreundlichen Geschmackes seyn“, so hören wir doch schon zur gleichen Zeit auch von der „kultivierten oder zahmen roten Johannisbeere, die in den gärten von lust wegen gepflanzet wird“ (vgl. „Das neuzeitliche Kräuterbuch“ von Apothekerdirektor Ludwig Kroeber, München-Schliersee).

Standort und Boden

Die klimatischen Verhältnisse und die des Bodens spielen bei der Anpflanzung von Beerensträuchern – entsprechend ihren verschiedenen Stammarten – eine nicht unbedeutende Rolle. Darum ist eine Beratung an Ort und Stelle bez. der einzelnen Kultursorten angeraten.

Jeder Kulturboden der Ebene und des Hügellandes, mit Ausnahme von nordwärts gerichteten Hängen, eignet sich für den

Anbau der Johannisbeere, wenn Windschutz, Feuchtigkeit, Sonne und Wärme gesichert sind. Gerade auf günstig gelege= nen Hängen, mit einigen Obstbäumen als Zwischenpflanzung, haben sich die besten Erfolge gezeigt.

Das Beerenobst braucht wenig Platz, und da es noch im Halb= schatten gedeiht und gute Früchte bringt, so gilt es oft als Lückenbüßer zwischen Obstbäumen, wo es übrigens den Obstbau als Steinbrechpflanze fördert.

Da sich das Wurzelwerk der Johannisbeere als Flachwurzler nur in der obersten Bodenschicht, nicht tiefer als 20 cm, fein verästelt, so ist z. B. der tiefwurzelnde Birnbaum ein guter schattenspendender Nachbar.

Je sonniger jedoch der Standort des Beerenobstes, um so bes= ser auch Quantum und Qualität der Frucht, denn in rauhen und sonnenarmen Gegenden und Plätzen verringern sich Ernte und guter Geschmack. Hitzeschäden indes durch Trockenheit treten meist dort auf, wo die Sträucher einzeln und gänzlich unbeschattet stehen.

Um beiden Bedürfnissen, der Beschattung nämlich und der Be= sonnung, gerecht zu werden, hat sich erfahrungsgemäß die im Verband gepflanzte Doppelreihe bewährt, so daß ein Strauch den anderen zu schützen vermag und von gelegentlichem Baum= schatten erreicht wird.

Anpflanzung in Kolonien ist nicht zu empfehlen, denn schon nach wenigen Jahren fehlt es an der nötigen Durchlüftung; und der Krankheitsbefall mehrt sich; auch ist es unrentabel für Haushalt und Garten. Auf Rabatten längs der Hauswand oder in entsprechenden Abständen an den Gartenwegen ent= lang stehen Beeren**sträucher** oder Beeren**spaliere,** noch schöner Beeren**hochstämmchen** als nutzbringende Gartenzier überaus passend.

Als Garten**hecken** sollten sie doch nie der ersten Gewalt des Windes ausgesetzt sein; größere Sträucher oder Bäume müssen immer den Beerensträuchern zum Schutze beigegeben werden.

Durch Pflanzung und Schnitt hat man die verschiedenartige Entwicklung der einzelnen Sträucher in der Hand; doch gibt es Sorten, die nicht nur klimatisch bedingt sind, sondern sich auch besser für diese oder jene Formung eignen.

Sorten

Die **„rote Holländische"** ist eine altbewährte Sorte, die wegen ihrer späten Blüte= und Reifezeit auch für rauhe Lagen wert=voll ist. Die Sträucher wachsen kräftig, mehr breit als hoch und verlangen daher einen größeren Standraum. Sie eignen sich auch gut für Hochstämmchen.
Gegen Blattfallkrankheit ist diese Sorte widerstandsfähig; und Schädigungen durch Spätfröste treten kaum in Erscheinung. Sie stellt keine allzu hohen Ansprüche an den Boden, da zum „Petraeum=Typ" gehörig, doch am überalterten Holz und an schlecht ernährten Sträuchern nimmt die Fruchtbarkeit stark ab. Sonst ist sie Massenträger mittelgroßer, hellroter Beeren, die eine Verzögerung der Ernte von 1 bis 2 Wochen gut er=tragen, ohne abzufallen.
„Heros", ein Ribes=„Vulgare=Typ", will guten Boden und reich=lichen Dung, um zur vollkommenen Entfaltung ihrer großen Ertragsfähigkeit zu kommen – oft 30 dunkelrote süße Beeren an einer Traube. Diese Sorte eignet sich nicht nur für Sträucher und Hochstämme, sondern auch vor allem zur Heckenanlage. Anfangs wächst der Strauch kräftig und aufrecht, doch dann bedarf er eines regelmäßigen kräftigen Schnittes, um nicht aus=einanderzufallen wegen seiner großen Fruchtbarkeit. „Heros" ist eine der frühreifendsten Sorten, da zum „Vulgare=Typ" ge=hörig, empfindlich gegen Blattfallkrankheit.
„Vierländer" reift etwas später als Heros. Sie ist für alle For=men geeignet, besonders aber für Hecke und Spalier. Große, dunkelrote, saftreiche Beeren bringt sie auch unter ungünstigen Verhältnissen.
„Macherauchs späte Riesentraube" eignet sich gut für Hoch=

stämmchen. In ihrer überreichen Ernte von langen, dicht be= setzten Trauben wird sie zur Gartenschönheit. Gegen Krank= heitsbefall ist sie widerstandsfähig.

„Heinemanns rote Spätlese" sorgt dafür, daß wir noch im August frische Johannisbeeren ernten können. Der weit aus= holende Strauch braucht zwei Meter Abstand zum besseren Ausreifen der Früchte. Doch kann er nicht durch Steckhölzer vermehrt werden, sondern nur durch Herunterbinden (siehe Seite 35).

Mit der **weißen Johannisbeersorte** braucht man sich wenig Mühe zu machen, sie ist äußerst anspruchslos. Selbst der Sand= boden genügt noch, wenn er nur feucht gehalten wird, was durch gute Bodenbedeckung ohne weiteres erreicht werden kann. Sie eignet sich wegen ihres feinen Aromas vor allem zur Rohkost.

„Weiße aus Jüterbog" mit kräftig gedrungenem Wuchs ist robust und unempfindlich. Ihre mittelfrühen, sehr süßen Bee= ren sind weißgelblich gefärbt.

Die Sorte **„Weiße Langtraubige"** muß scharf geschnitten wer= den, sie ist von aufrechtem, mittelstarkem Wuchs.

Neben diesen u. a. Nutzgehölzen der Johannisbeersorten haben sich noch andere Ribesarten als Ziersträucher in unseren Gär= ten beliebt gemacht.

„Ribes alpinum erectum" ist ein wertvoller Heckenstrauch mit glasförmigen Alpen=Johannisbeeren.

„Ribes atrosanguineum" trägt tiefdunkle Blut=Johannisbeeren. Beide Arten sind nicht nur ein Gartenschmuck, sondern auch ein den Vögeln willkommenes Futter.

„Ribes aureum" wird vor allem von den Züchtern in Auslese als Veredelungsunterlage zur Anzucht von Stachel= und Johan= nisbeerhochstämmchen benutzt.

Pflanzung

Geländevertiefung, Frost= und Regenlöcher, auch Trockenland, sind ungeeignet für Beerenobstanlagen.

Ein verödetes oder durch Verbrauch ausgesogenes Gartenstück muß für eine Neupflanzung von Beerensträuchern vorbereitet werden.

Da auf Jahre hinaus eine tiefere Bodenbearbeitung wegen der flach verlaufenden Wurzeln von Beerenobst nicht in Betracht kommen kann, ist eine Leguminoseneinsaat zur Vorbereitung des Erdreiches angebracht.

Im Frühjahr kann man Wicken, Serradella, vor allem blaue Bitterlupinen, deren Wurzeln in die Tiefe vorstoßen, aussäen. Auch Gemüsepflanzung von Hülsenfrüchten — Erbsen und Boh= nen — bereitet das Land.

Auf diese Weise ist eine Herbstpflanzung von Beerensträu= chern im Oktober bis Mitte November noch möglich. Die Grüneinsaat wird geschnitten und als Bodenbedeckung liegen= gelassen; desgleichen werden Erbsen und Bohnen geerntet und ihr Kraut als Mulch verwertet.

Für eine Frühjahrspflanzung im März bis Mitte April können im Herbst bis zum Oktober noch Winterwicken gesät werden; bis in den November hinein sogar der Winterroggen, der mit seinen tiefgehenden Wurzeln den Untergrund aufschließt. Die Herbst=Grüneinsaaten frieren im Winter ab und lassen ein gut bereitetes Erdreich zurück.

Ob es sich nun um Herbst= oder Frühjahrspflanzung handelt, immer wird zuerst eine Pflanzgrube ausgehoben, und zwar nicht tiefer, als daß gerade das Wurzelwerk darin Platz hat. Gut durchgereifter, aktivierter Kompost, wenn möglich mit etwas Lehm vermischt, wird in das Pflanzloch gestreut. Zwei bis drei Spaten voll genügen. Diese Eingabe wird gut in der Mulde verteilt.

Da es in den meisten Fällen an einem guten Mistkompost fehlt, sollte dem Pflanzenkompost beim Bau des Komposthaufens

(KH!) immer eine leichte Einstreu von Horn=, Knochen= und Seealgenmehl gegeben werden. Schon geringe Mengen, über Kompostierung angewandt, steigern das Bodenleben und damit das Wachstum der Pflanzen.

Auch Gesteinsmehle als Einstreu in den KH — nicht mehr als 1 bis 2 Prozent — wirken entscheidend auf die Fruchtbarkeit und Wärmedurchstrahlung.

Da diese KH=Zusätze Stickstoff, Phosphor= und Kieselsäure, Kalk, Kali und Magnesium dem Boden zuführen, ist jede an= dere Düngung chemischer Art überflüssig geworden.

Nach einigen Wochen wird dieser dem Pflanzloch eingeführte Kompost ins Erdreich der Mulde eingeharkt.

Die Pflanzung darf frühestens 14 Tage nach dem Ausstreuen und Einarbeiten des Düngers erfolgen.

Man kann aber auch nach einer solchen Pflanzlochvorbereitung im Herbst dem Winter die Arbeit der Verwitterung überlassen. Die Winterfeuchtigkeit sickert ein, das Ganze friert gründlich durch, und die Jungpflanze vermag den Dünger sofort aufzu= nehmen. Sobald dann im zeitigen Frühjahr der Boden offen und gut durchwässert ist, erfolgt die Pflanzung. Würde nämlich der Dünger erst vor der Frühjahrspflanzung eingeführt, dann kommt die Wirkung nicht vor dem Sommer zur Geltung. Pflanzenwurzeln vermögen ja erst dann den Dünger aufzuneh= men, wenn dieser sich mit dem Erdboden assimiliert hat.

In einer Herbstpflanzung jedoch erreicht man nicht nur eine bessere Durchwurzelung, sondern gewinnt auch unter Um= ständen bei Beerensträuchern ein ganzes Jahr. Wenn man Glück hat, tragen sie schon im ersten Jahr. Dabei aber nimmt man das Risiko auf sich, daß ein strenger Winter den Jungpflanzen zum Verhängnis wird.

Allerdings läßt die prompte Lieferung der Jungsträucher im Frühjahr oft zu wünschen übrig; das Einschlagen aber der schon im Herbst gelieferten ist nicht zu empfehlen. Die Neupflanzen sollen zur Pflanzzeit unmittelbar aus dem Mutterboden genom= men sein.

Zugesandte Jungsträucher werden vor der Pflanzung einige Stunden ins Wasser gelegt.

Vor der Auspflanzung ins feuchte Erdreich taucht man das Wurzelwerk in einen dafür bereiteten Lehmbrei: In gut verdünnten Schachtelhalmtee rührt man Lehm — wenn möglich auch etwas aktivierten Kuhdung — zu einem gut flüssigen Brei. Ein Beschneiden der Wurzeln ist nicht nötig, es sei denn, daß diese beim Transport gelitten haben, die Spitzen verdorrt oder geknickt sind. Mit einem scharfen Messer werden die beschädigten Wurzelteile glatt und sauber abgeschnitten.

Beim Pflanzen achte man darauf, daß die Wurzeln sich nicht nach oben biegen; ihrem Wachstum gemäß liegen sie waagerecht und bequem in der Grube, die dann mit Erde gefüllt und fest angedrückt wird.

Sogleich nach der Pflanzung harkt man etwas gut vererdeten Kompost in den Boden ein. Mit gröberem Material — gehäckseltem Stroh, Halbkompost, Grünschnitt, am besten mit arteigenem Waldkompost (einem aus Tannennadeln und verrottetem Laub mit einer Einstreu von Lehmerde aktivierten selbstbereiteten Kompost) — deckt man die Pflanzscheibe ab.

Die **Pflanzabstände** bei roten und weißen Johannisbeeren in S t r a u c h f o r m betragen je nach Wuchs der einzelnen Sorten 1,50 bis 2 m von Strauch zu Strauch; der Reihenabstand für Doppelreihen 2 bis 3 Meter, am besten im Standwechsel, also im Dreieck.

So genügt z. B. für die weiße Johannisbeere, aber auch für die rote Sorte „Heros" Pflanzenabstand von 1,50 m, während die „Rote Holländische" mit ihrem starken Wuchs 2 m Abstand benötigt.

Der Abstand für Johannisbeeren zu Obstbäumen soll mindestens 2 bis 3 m betragen.

Der Brauch, Stachelbeersträucher unter Johannisbeeren zu mischen, hat sich gut bewährt.

Für H o c h s t ä m m c h e n und S p a l i e r genügt ein Pflanzenabstand von 1,50 m. Hier macht sich der Wechsel von Jo=

hannisbeeren und Stachelbeeren besonders gut für den Garten. Hochstämmchen brauchen einen nicht zu dicken Pfahl, den man v o r der Pflanzung einrammt. Er muß beim Pflanzen ü b e r die Krone herausreichen und u n t e r der Veredelung mit einer Achterschleife festgebunden werden. Nur so sind Krone und Veredelung bei Wind und reichem Behang gesichert. Falsch ist es, das Stämmchen dicht unter der Krone oder in der Stamm=mitte zu binden.

Um der Gefahr der Infektion bei Holzstäben zu entgehen, sollte man die einmalige Ausgabe für Bambus= oder Tonkin=stäbe nicht scheuen.

Bei Johannis= und Stachelbeer h e c k e n beträgt der Pflanz=abstand nur 1 bis 1,30 m, je nach Sorte.

Die Anlage einer Obsthecke — möglichst Nord=Süd=Richtung — sollte günstig ca. 80 cm von der Gartengrenze entfernt liegen, so daß man von beiden Seiten an sie herankommen kann.

Angesichts der Tatsache, daß Wachstum und Ernte in gestei=gertem Maße zunehmen, wenn Pflanzen auf Erdwällen, in Erd=anhäufelungen, an Rainen und Hängen zu stehen kommen, muß auch für Beerenobst auf diese Weise der Pflanzung in **Hügelkultur** hingewiesen werden.

Wie uns die kleine Schrift „Hügelkultur statt Flachkultur“ von Hermann Andrä auf Seite 10 ff. mitteilt, ist der praktische Erfolg bereits erwiesen.

Auch von anderen Seiten ist diese Art des Anbaues von Beeren=obst durch ausgezeichnete Erfolge empfohlen.

Die von Andrä angegebenen Erdwälle in Höhe von 60 bis 70 cm liegen je nach Lage und Klima erfahrungsgemäß am besten in Nordost=Südwest=Richtung. An ihren Hängen lassen sich Salat, Küchen= und Gewürzkräuter, auch Gemüse, z. B. Spinat, an=bauen. So wird zugleich ein Abrieseln des Erdreiches verhindert, und der Boden der Beerensträucher ist nützlich bedeckt. Nach dem Abernten sowohl der Beeren als auch der Unterkultur kann über Winter eine Grüneinsaat von Leguminosen das Land neu bereiten.

Umpflanzung. Soll ein Beerenstrauch von einem zu einem anderen Standort umgepflanzt werden, so darf dies nie im belaubten Zustand geschehen. Die Blätter verdunsten die Feuchtigkeit, die von der Pflanze zum Anwurzeln notwendig gebraucht wird. Strauch oder Stämmchen vertrocknen. Glückt es auch hie und da einmal, so ist doch keine Garantie für das Gelingen gegeben. Drängt eine Notwendigkeit, z. B. Verlegung des Gartens, zur Umpflanzung während der Vegetationszeit, so tut man gut, alles Laub abzuschneiden, ehe die Einpflanzung beginnt.

Der **Pflanzschnitt** bei Herbstpflanzungen junger Beerensträucher sollte besser erst ausgangs des Winters im Vorfrühling gemacht werden, bei Hochstämmchen auf jeden Fall. Nur zu leicht erfriert bei strengem Winter der zurückgeschnittene Trieb und trocknet aus. Im Februar/März wird dann ein starker Rückschnitt der neugepflanzten Sträucher vorgenommen unter Berücksichtigung ihrer besonderen Bestimmung.

Der Strauch muß sich von unten herauf dicht entwickeln können, was durch das Austreiben der unteren Augen, nach Rückschnitt auf vier bis fünf Augen erreicht wird. Vom Boden auf sollten die Büsche mit fünf bis sechs Ästen aufgebaut werden, die sich nach oben mäßig verzweigen.

Den Hochstämmchen werden höchstens vier Triebe belassen, welche auf drei bis fünf Augen zurückgeschnitten werden. Schwache Triebe werden ganz entfernt.

Fußstämmchen ruhen auf ca. 30 cm hohen Stämmchen. Der Vorteil dieser Form ist die leichtere Ernte und der saubere, vom Boden ferngehaltene Behang. Durch Ausschneiden der unteren Augen wird diese Form erreicht. Im übrigen ist der Schnitt wie beim Strauch.

Für eine Heckenanpflanzung werden alle Triebe sogleich auf vier bis fünf Augen zurückgeschnitten.

Vermehrung durch alte Stöcke

Wer in seinem Garten eine guttragende Sorte von kräftigem, gesundem Wuchs hat, braucht sich keine neuen Pflanzen zu kaufen, sondern zieht aus eigenem Bestand den Nachwuchs seines Beerenobstes. Das kann auf dreifache Weise geschehen:

1. Durch Teilung. Im Herbst, nach gründlichem Schnitt des Strauches, wird dieser mit Erde angehäufelt. Durch Schnitt und Anhäufeln verjüngt sich der Stock und bildet neue Wurzeln und Triebe. Im nächsten Frühjahr gräbt man den Stock aus und teilt ihn, so daß mehrere junge Stöcke entstehen. Die Neupflanzung geschieht dann, wie oben angegeben, sofort danach.

2. Durch Ableger. Im Herbst oder Frühjahr beugt man starke, einjährige, noch mit dem Mutterstamm verbundene Triebe eines gesunden Strauches und legt sie waagerecht auf dem Erdboden fest. Mit kleinen Zweiggabeln oder mit einem Stein hält man sie in dieser Lage am Boden. Dann bedeckt man sie ca. 20 cm hoch mit guter, lockerer, mit reifem Kompost vermischter feuchter Erde, und zwar so, daß die Zweigspitzen mit einem Auge aus der Erde herausragen. Die Deckerde muß immer feucht gehalten werden; das besorgt eine Bodenbedekkung am besten. Die Bewurzelung erfolgt im gleichen Jahr. Im nächsten Jahr trennt man vorsichtig den Zweig vom Mutterstrauch und schneidet ihn in so viele Stücke, als er Neutriebe und Würzelchen gebildet hat. Diese Ableger werden auf mit Lehm, Kompost und Sand vorbereitetes Land in ca. 30 cm Abständen gepflanzt, leicht angehäufelt und der Boden mit Kompost bedeckt. Im nächsten Jahr werden diese Jungpflanzen zur Herbstzeit an ihren Bestimmungsort gesetzt.

3. Durch Stecklinge. Beim Jahresschnitt der Sträucher, möglichst bald nach der Ernte, schneidet man sich aus kräftigen, einjährigen Trieben das Steckholz (15 bis 20 cm lang). Dicht unter dem untersten Auge soll der Schnitt schräg verlaufen. Diese Hölzer senkt man etwas schrägwärts in die Erde. Im

nächsten Jahr haben sie Wurzeln gebildet und können wie Ab=leger auf ca. 30 cm Abstand ausgepflanzt werden; dabei kürzt man sie auf fünf Augen. Ist die Jungpflanze wüchsig, baut sie sich von selbst richtig auf. Im darauffolgenden Jahr setzt man die jungen Stöcke an ihren Bestimmungsort unter den oben angegebenen Pflanzvorschriften. Bei dieser Anpflanzung wer=den die unteren Augen auf ca. 30 cm ausgeschnitten, wenn man F u ß stämmchen ziehen will (siehe oben: Halbstämmchen!).

Bodenpflege

In den ersten Jahren nach der Anpflanzung können die Zwi=schenräume mit Unterkulturen ausgefüllt werden. Unter Hoch=stämmchen und Spalieren kann man immer pflanzen. Letztere sind darum bei Bodenknappheit eine günstige Anlage.
Die dauernde Durchwurzelung des Bodens kann nur zum Vor=teil sein, doch muß bei der Bodenarbeit größte Vorsicht walten wegen der in der obersten Bodenschicht sich verbreitenden feinen Wurzeln der Sträucher. Bei dauernder Bodenbedeckung ist Graben überhaupt nicht nötig. Es schadet durch Verletzung der hochliegenden Saugwurzeln nur der Ernte. Mit einem Dreizackgerät durchzieht man vorsichtig das Erdreich, wobei man jährlich — eingerechnet die Bedürfnisse der Unterkul=turen — den biologischen Dung leicht einharkt und nach der Pflanzung der Kulturen den Boden bedeckt.
Beerensträucher sind in besonderem Maße auf Humus ange=wiesen, um gut leben zu können. Humus aber wird am sicher=sten dem Boden zugeführt durch Kompost.
Am besten kann sich der Kompost auf die Bodensubstanz aus=wirken, wenn immer nur ein Teil des reifen Kompostes ober=flächlich eingeharkt, der andere Teil aber — er darf hier etwas gröberer Art sein — als Flach=„Dung“ darübergegeben wird. In dieser Weise kann nie eine Überdüngung geschehen, die bei Rohdung, Überdüngung von chemischen Substanzen u. a. m. so leicht Saftstockung zur Folge hat. Läusebefall wäre die

sichere Antwort darauf, denn Saftstockung schwächt den Wuchs und zieht Ungeziefer an.
Für Strauchanlagen, auch unter Heckensträucher, werden vor allem G r ü n e i n s a a t e n empfohlen, die als Stickstoffsammler nicht nur den Boden ernähren, sondern ihn auch decken und durchwurzeln, also lebendig und locker erhalten; überdies wird das Unkraut durch die Grüneinsaat erstickt. Für Frühjahrsaussaaten kommt die Sommerwicke und die weiße, gelbe oder blaue Lupine in Frage; für Herbstaussaat die Winterwicke und für ärmere Böden die Zottel- oder Sandwicke (siehe oben Seite 30!).
Sehr anzuraten ist auch eine Brennesselsaat unter Beerensträuchern. Sie ist nicht nur am billigsten, sondern nützlicher, als man gewöhnlich meint. Eine allgemeine Verunkrautung durch Brennesseln ist da nie zu fürchten, wo regelmäßig und unmittelbar vor der Blüte die Nesseln geschnitten und als Mulch liegengelassen werden. Der Erfolg spricht für sich! Vor allem vor der Beerenernte ist ein solcher Schnitt angeraten, dann aber auch zum Schutz des Bodens, der durch diesen Mulch und die Durchwurzelung bei der Erntearbeit geschont wird.
Die Aussaat der Brennessel bereitet man am besten durch die bekannte Brennesseljauche vor, indem man nicht – wie sonst üblich – die Nesseln am Anfang, sondern im Ausgang ihrer Blüte sammelt und in einem Holzfaß mit Regenwasser zum Verjauchen bringt. Da der Samen mitverjaucht, quillt er gut an, und die Jaucheanwendung für Kultur und Boden wird zugleich zur Aussaat. Man gießt die Brennesseljauche mutig über den ganzen Boden der Beerenkultur und hat damit nicht nur gesät, sondern zugleich gedüngt. Unvorbereiteter Brennesselsamen geht kaum auf.
Nun sproßt sehr bald auf Jahre hinaus, von Jahr zu Jahr reichlicher, die schönste Nesselvegetation, die einen herrlichen Bodenausgleich zur Folge hat. Das sieht durchaus nicht unordentlich aus, wenn man sich daran gewöhnt, diese so nützliche Pflanze in seinen Gartenbetrieb einzubeziehen. Die jungen

Nesseln kann man wie Spinat ernten und als äußerst gesundes und schmackhaftes Gemüse essen; man kann auch Preßsaft aus ihnen bereiten, wenn man sie durch einen „Multiplex“ gehen läßt. Solche Rohsäfte sind außerordentlich vitamin= und eisen=reich und werden von vielen Ärzten für Kinder und schwäch=liche Leute empfohlen. Auch der Rohköstler schätzt junge Brennesseln in Salaten, Quark, Kräuterbutter etc.

Eine ebenfalls gute Unterkultur für Obstbäume und Beeren=sträucher ist die Kapuzinerkresse (Tropaeolum maius), die nicht nur kräftig wuchert und dadurch den Boden bedeckt, sondern auch den Blattläusen zuwider ist. Läßt man die Ranken als Mulch liegen, so wirkt sich durch Vererdung ihr Geruch im Kreislauf durch Boden und Strauch abwehrend gegen Läuse=befall aus. Sät sich die Kapuzinerkresse selbst aus, so kommt sie zur rechten Zeit wieder; anderenfalls muß sie in Saatkästen oder =töpfen vorgezogen und erst nach den Maifrösten ausge=pflanzt werden.

Zu diesen Pflanzendüngungen des Bodens kann eine Kompost=düngung gegeben werden, und in den ersten Jahren muß dies regelmäßig geschehen. Kuh= und Pferdemist ist der für Johan=nis= und Stachelbeeren geeignete Stalldung, wenn er verkom=postiert in gut vererdeter Form gegeben wird.

Wo es an Stalldung fehlt, kann der gewöhnliche Pflanzen=kompost an seine Stelle treten, doch ist eine kleine Einstreu von Knochen=, Horn=, Seealgen= oder Gesteinsmehl beim Kompostbau zu empfehlen.

Die eigentliche Düngezeit ist im Spätherbst oder im zeitigen Frühjahr (im März vor dem Austrieb!). Düngt man aber nach der Ernte im August, so kann die Blüten= und Knospen=entwicklung für das nächste Jahr gefördert werden.

Viele Obstbauer geben im Mai einen leichten Kopfdung zur günstigen Beeinflussung der Qualität der Früchte. Für diesen Fall raten wir zu der von Miß Bruce angegebenen flüssigen Kompostgabe. In einen Eimer Regenwasser gibt man eine Schaufel reifen Kompostes und verrührt zur Teefarbe. „Die

Reaktion ist erstaunlich", schreibt Miß Bruce (Gartenglück Seite 37). Bewässerung mit chlorhaltigem Wasser, aber auch chlorhaltige Düngemittel sind auf jeden Fall fernzuhalten, denn Johannisbeeren vertragen durchaus kein Chlor.

Will man keine Grüneinsaaten im Beerenstück, so muß an dessen Stelle die Bodenbedeckung treten. Sehr zu empfehlen ist der arteigene Waldbodenkompost, der 5 bis 10 cm hoch über das Erdreich verteilt wird („Waldbodenkompost", siehe Seite 16).

Doch auch jeder andere Kompost, selbst wenn er nur halbver=erdet ist, Pflanzenabfälle und Blätter eignen sich zur Boden=bedeckung. Unbedeckter Boden ist entweder der Verkrustung durch Sonnenstrahlen oder der Verschlämmung durch Regen und Bewässerung ausgesetzt. „Unbewachsener oder unge=schützter Boden ist Wüste!"

Bedeckter Gartenboden behält durch gleichbleibende Feuchtig=keit und Beschattung die rechte Voraussetzung für das Boden=leben und damit für die Fruchtbarkeit. Gerade dort, wo man sparsam mit dem organischen Dung umgehen muß, weil Stall und Wiese fehlen, sollte man die Bodenbakterien in ihrer wesentlichen Arbeit unterstützen. Schutz des Bodenlebens spart Arbeitszeit und =kraft.

In sehr trockenen Jahren kann es dennoch vorkommen, daß auf ärmeren Böden gerade die rote und weiße Johannisbeere Not leidet. Man untersucht zu diesem Zweck in solchen Zeiten u n t e r der Bodenbedeckung die Beschaffenheit der Erde. Fühlt sie sich feucht an — was meistens der Fall sein wird —, dann deckt man ruhig die Stelle wieder zu; ist der Boden jedoch trocken, so gieße man lieber einmal gründlich, als häufig und oberflächlich. Die Bodenbedeckung sorgt dann schon für die Maßhaltung, denn das Wasser sickert bei bedecktem Boden nur langsam und stete hindurch und bewahrt das Erdreich vor Schreckgüssen. Vor allem sollte man in jedem Fall den Schlauch beim Gießen meiden, er schadet der Erdkrume. Wo möglich, nehme man nur Regen=, Brunnen=, Bach= oder Quellwasser,

wegen der Desinfektion unseres Leitungswassers mit Chlor. Neueste Untersuchungen haben aber ergeben, daß unser Chlor=leitungswasser mittels „Biosmon" entchlort werden kann (siehe unsere „Winke").
Zur Förderung der Blüten= und Fruchtentwicklung ist eine Baldrianblütenspritzung (siehe Seite 15) für Boden und Sträu=cher im Herbst oder im zeitigen Frühjahr zu empfehlen. Auch eine Schachtelhalmspritzung zur Zeit der Knospe und der auf=gehenden Blüte wirkt auf den Wohlgeschmack der Frucht.
Über die Befruchtung des Beerenobstes braucht man sich, selbst bei ungünstigem Wetter mit schwachem Insektenflug, keine Sorge zu machen, alles Beerenobst ist Selbstbefruchter; die Bestäubung geschieht meist schon bei halbgeöffneter Blüte.

Schädlinge

In langen Trockenperioden eines heißen Sommers kann es vorkommen, daß die Blätter der Johannisbeersträucher an den Rändern sich gelbbraun färben, schließlich vorzeitig abfallen. Das braucht nicht immer eine Pilzerkrankung zu sein, sondern verrät meistens die Notwendigkeit der Bodenfeuchtigkeit für die Johannisbeere oder einen Überschuß an Chlor im Boden, der durch falsche Düngung oder Bewässerung mit chlorhaltigem Wasser entstanden ist. Schon die Nähe der mit chlorhaltigem Wasser und Chemikalien genährten Kulturen bringt Beeren=sträuchern Schaden.
Neben der frühzeitigen Blattwelke durch übermäßige Trocken=heit gibt es aber auch eine Blattkrankheit an der Johannis=beere, die Blattfallkrankheit (Pseudopeziza ribis). Oft schon vor der Ernte — ab Ende Mai — bilden sich an den Blättern große, rundliche, braunschwarze Flecken, die mit fort=schreitender Entwicklung zusammenfließen und die Blätter zum Absterben bringen. Schon im Juli/August lassen die Sträucher von unten nach oben ihr Laub fallen. Die Entwicklung von Frucht und Jungtrieb wird behindert; selbst bei voller Reife

bleiben die Früchte sauer. Je nach den Sorten der Johannis=
beere werden die Sträucher mehr oder weniger davon befallen.
Der Pilz wuchert auf und in den erkrankten Blättern mit Dauer=
sporen. Darum muß das abgefallene Laub im Herbst zusam=
mengeharkt und sogleich verbrannt werden. Dieses in einen
Komposthaufen zu verbauen ist nicht ratsam, da ein Laub=KH
nicht die zur Tötung der Bakterien erforderliche Hitze erreicht.
Strauch und Boden werden nach dieser Säuberung mit **Schachtel=
halmtee** und **Brennesseljauche** im Gemisch gründlich abgespritzt.
Die Sträucher müssen von unten nach oben gespritzt werden.
Den Teesatz legt man als Mulch um den Strauch herum und
läßt ihn so über Winter seine Wirkung tun. Regen und Schnee
sickern durch ihn hindurch und mit ihnen sogleich die Heilkraft
der Kräuter.
Im zeitigen Frühjahr wird diese gründliche Spritzung wieder=
holt ohne Brennesseljauche und wiederum der Teesatz auf den
Boden gegeben. Die Erfahrung hat bewiesen, daß diese Art
der Bekämpfung durchgreifend hilft.
Als sehr gutes Mittel gegen pilzliche Erkrankung der Garten=
gewächse und der Blattfallkrankheit an Beerensträuchern ins=
besondere wird auch die **Zwiebelwasserspritzung** empfohlen
(Zwiebelschale, 50 g auf 1/2 Liter Regenwasser, 5 bis 7 Tage
stehenlassen mit gelegentlichem Umrühren). Die Brühe wird
abgegossen und ausgespritzt, wie oben bei Schachtelhalmsprit=
zungen angegeben. Der Satz wird neu, mit etwas weniger
Wasser, aufgegossen. Solange noch der Zwiebelgeruch bemerk=
bar ist, behält der Aufguß seine Wirkung.

Bei Hochstämmchen kann durch übermäßige Stickstoffdüngung
eine Saftstauung eintreten, die dem Bäumchen das Leben kostet.
Dicht unter der Veredelungsstelle kommt es zu krankhafter
Verdickung, die sich weich und schwammig anfühlt. Anfangs
bilden sich nur kleine weiße Pusteln, die aus der Rinde her=
vorbrechen. Mehr und mehr aber treiben diese auf und zer=
stören das Gewebe. Die Saftleitung ist unterbrochen. Man

spricht von einer W a s s e r s u c h t der Hochstämmchen. Auch auf nassen und undurchlässigen Böden kann diese Krankheit auftreten.

Ein durchgreifendes Mittel ist bis zur Stunde noch nicht gefunden. Im Anfangsstadium könnte ein **Lehmbreiumschlag** — mit Schachtelhalmtee, aber o h n e Kuhdung verrührt — das Ärgste verhüten. Wenn nach Vater Kneipp der feuchte Lehmumschlag falsche und überflüssige Säfte aus dem menschlichen Körper zu ziehen vermag, warum sollte dies nicht auch bei den Pflanzen möglich sein? Man sollte es auf einen Versuch ankommen lassen; doch nicht, ohne zugleich die Bodenbeschaffenheit entsprechend zu regulieren.

Naturgemäß kann man diesem Übel vorbeugen: Man gibt den Jungstämmchen stets kleine Gaben nur von P f l a n z e n kompost, wählt als Unterkulturen Gewürzkräuter oder Blumen, die eine starke Düngung entbehren können. Die Bedeutung der Kräuter für den Obstbau ist so wichtig, daß sie kaum überschätzt werden kann.

Überdies kann in den ersten 2 bis 3 Jahren ein Ausgleich des Safttriebes durch Wurzelschosse und Stammaustriebe unterhalb der Veredelung geschaffen werden, indem man sie nicht wegschneidet; nur nach Erreichung von ca. 50 cm wird ihnen die Spitze genommen. Später, wenn die Krone sich entfaltet hat, kann diese die gelieferten Nährstoffe verarbeiten.

Eine andere Krankheit am Holz des Beerenobstes ist die R o t p u s t e l k r a n k h e i t (Nectria cinnabarina), die zunächst nur altes, absterbendes Holz befällt, aber dann auch auf gesundes übergreift. Die hell- und dunkelroten Pusteln, die auf der Rinde abgestorbener Zweige deutlich sichtbar werden, enthalten die Vermehrungssporen.

Regelmäßiger Schnitt, Entfernung alten Reisigs aus dem Garten ist Vorbedingung zur Verhütung solchen Verfalls der Obst- und Ziergehölze. An trockenen, faulenden Triebstümpfen, die nicht tief genug am Wurzelhals entfernt wurden, bildet sich meistens der erste Befall.

Dunkelrote Flecken an Johannisbeerblättern mit gleichzeitiger polsterartiger Verdickung unterseits lassen auf Becherrost (Puccinia ribesii caricis) schließen. Die gelben Polster befinden sich auch oft an den Blattstielen und Früchten. Früchte verkrüp= peln, Blätter fallen vorzeitig ab. Der Erreger ist ein Rostpilz, der einen Teil seiner Entwicklung auf Sauergräsern verbringt und auf diesen auch überwintert. Im zeitigen Frühjahr werden die Sporen auf nahe stehende Stachel= und Johannisbeeren ver= weht.
Solche von Rost befallenen Beerensträucher sind kräftig zu= rückzuschneiden und mit einem guten Humus zum Neuaustrieb anzuregen. Es ist ratsam, Sauerklee und andere Sauerkräuter aus der Nähe der Beerenkulturen zu bringen. Rosterkrankun= gen, wo immer sie auch auftreten, haben zumeist ihren Grund in falscher Pflanzengemeinschaft. Ehe nicht die sogenannten „Wirtspflanzen" der schädlichen Sporen entfernt sind, wird kaum eine durchschlagende Heilung möglich sein. **Schachtel= halmspritzungen** im ersten Frühjahr und im Spätherbst über Strauch und Boden können die schlimmsten Schäden beseitigen und die Pflanze widerstandsfähig machen. Auch hier wird immer der Teesatz als Mulch um die Sträucher gelegt.

Grauschimmel (Botrytis cinerea), der als „Edelfäule" bei der Weinbeere zur Weinbereitung (siehe Seite 110) so nützlich wird, kann bei der Johannisbeere, besonders in nassen Jahren, recht schädlich sein. Auch da helfen zeitige **Schachtelhalmsprit= zungen** die Ernte sichern.

Viruserkrankungen, die meist durch Insekten über= tragen, aber auch oft durch krankes Steckholz in den Garten gebracht werden, sind an veränderter Blattform und Farbe, geringem Wachstum der Sträucher und verkrüppelter Holz= bildung kenntlich. Die Jungtriebe schließen vorzeitig und blei= ben kurz. Am besten werden solche Pflanzen sofort aus dem Garten entfernt und verbrannt, das Erdreich durch eine Grün= einsaat und gesunde Bodenwirtschaft immun gemacht.

Im Laufe des Sommers kann es vorkommen, daß die Blätter der Johannisbeere rot=blasig auftreiben. Untersucht man die Unter=seite des Blattes, so sieht man in der Innenwölbung dicht an dicht kleine gelbliche Läuse, die diesen Schaden verursachen. Es handelt sich um die Johannisbeerblasenlaus. Sie kommt und vergeht, und zum Herbst hin haben sich die Blattwölbungen gelb verfärbt. In der Nachblütenspritzung können die Eier erreicht werden.

Größerer Schaden wird den Sträuchern zugefügt durch die grüne Blattlaus, die ihrem Strauch durch Generationen hindurch treu bleibt. Die Ameisen horten sich diese Läuse gern; und wo Ameisen die Zweige hinauflaufen, da ist es Zeit zur Spritzung, ehe sich die jungen Blätter der Triebe einkräuseln. Mit ihren feinen Fühlern streicheln die Ameisen die Läuse — in Fachkreisen spricht man von „Melken" — und nehmen dafür den süßen Honigtropfen, den die Blattläuse absondern, als Nahrung entgegen. An Strauch und Nachbarpflanzen über=wintert eine Menge Eier der Blattläuse, darum kann man sie gut bei der Winterspritzung mit einem starken **Rainfarntee** treffen.
Trotzdem kann es vorkommern, daß man in trockenem Sommer nicht Herr wird über die Läuse. Da hat nun die Erfahrung be=wiesen, daß man mit etwas angegorenem Rainfarntee die Blatt=laus gut in Schach halten kann, wenn man dreimal kurz hinter=einander eine solche Spritzung wiederholt. Auch das Eintunken der befallenen Triebe in 50 bis 52 Grad **heißes Wasser** hat guten Erfolg. Das Grün sieht nach einem solchen Heißwasser=verfahren etwas mitgenommen aus, erholt sich aber schnell wieder und ist seine Schädlinge los.
Die gleiche Erfahrung macht man mit abgestandenem **Kartoffel=wasser.** Man gießt das Wasser der gekochten Kartoffeln durch ein feines Sieb oder ein Tuch und spritzt — etwas verdünnt — über die befallenen Sträucher.
Die natürlichen Feinde der Blattläuse sind der **Marienkäfer** mit

seiner Larve und die **Florfliege,** die letztere unter dem Namen „Blattlauslöwe" bekannt. Bei naturgemäßer, also ohne chemische Mittel vorgenommener Obstspritzung haben diese Nützlinge große Vermehrungsmöglichkeit. Nur muß man vorsichtig sein beim Säubern und Beschneiden der Sträucher, daß man die häßliche Larve des Marienkäfers nicht für einen Schädling hält und vernichtet. Sie ähnelt sehr der Larve des Kartoffelkäfers. Blattläuse schaden durch ihr Saugen der Knospenentwicklung und verursachen Verkrümmungen und Verkümmerungen an den Jungtrieben; hat man sie im ersten Stadium erfaßt, so ist schon viel gewonnen.

An altem, schwachem und kränklichem Holz der Beerensträucher kann man auch das Weibchen der S c h i l d l a u s (Eulecanium corni), der Zwetschenschildlaus, finden, das sich hier festsaugt und unter ihrem braunen Körperpanzer Tausende von Eiern entwickelt. Die Insektenmutter geht bald zugrunde, aber der halbrunde braune Schild, der aussieht wie eine Knospenschuppe, bleibt an der Pflanze haften. In seinem Schutz wächst die Nachkommenschaft heran. Drückt man auf eine solche Verdickung, so bricht sie sofort zusammen, und ein weißgrauer Fleck bleibt am Holz zurück.
Die erste Hilfe ist gründlicher Schnitt und eine Auffrischung des Bodens durch Düngung, damit das Wachstum angeregt und der Strauch widerstandsfähig wird. Dann aber hat sich eine Winterbehandlung mit **Farnkrautextrakt** gut bewährt. Wo man nur wenige Büsche hat, kann man die befallenen Stellen mit einer Bürste, in Farnkrautextrakt getaucht, scharf abreiben. Eine Frühjahrsspritzung mit gleichem Extrakt, etwas verdünnt, tut das übrige. Mit einer Anfang=Juni=Spritzung gleichen Extraktes, stärker verdünnt, trifft man die ungeschützten Läuse, die — wie auch die Blattläuse — mit ihrem Honigtau den Rußtaupilz verursachen.

Der J o h a n n i s b e e r g l a s f l ü g l e r (Sesia tipuliformis), ein zierlicher Schmetterling mit durchsichtigen fliegenähnlichen

Flügeln, legt seine Eier von Juni bis Juli an Knospen, Schnittwunden und verletztes Holz. Die ausgekrochenen weißgelblichen Raupen dringen in die Spitzenzweige ein und nähren sich vom Mark des Holzes. Junge Triebe welken und sterben ab. Sie müssen sofort bis ins gesunde Holz herausgeschnitten und verbrannt werden. Zur Verpuppung kriecht die Raupe abwärts ins ältere Holz. Beim Jahresschnitt findet man die braunschwarzen Fraßgänge. Alles schadhafte Holz muß auch hier bis ins gesunde Mark geschnitten und verbrannt werden.
Während der Eiablage von Juni bis Juli — nach der Beerenernte — kann eine Rainfarnspritzung die Eier treffen.

Über die Johannisbeergallmilbe siehe weiter unten (Seite 56). Sie befällt vor allem die schwarze Johannisbeere, ist aber hie und da auch an der roten und weißen Beere zu finden, seltener an Stachelbeeren.
Auch unsere Vögel können den Beerensträuchern zum Verhängnis werden, wenn sie im zeitigen Frühjahr, da sonst noch keine Nahrung im Garten zu finden ist, das hervorsprossende Grün abpicken und die Knospen zerstören.
Das einfachste Mittel zur Vergrämung der Vögel ist wohl die **Wasserglasspritzung** (Natrium-Wasserglas). Auf 100 Liter Wasser wird 1 Liter Wasserglas gut verrührt und über die knospenden Zweige ausgespritzt, die dadurch einen glasigen Überzug bekommen, den die Vögel meiden. Den Knospen schadet diese Spritzung nicht.
Auch das Aufhängen von **Knoblauchstücken** in die Beerensträucher hält die Vögel ab, denn Knoblauch ist Vogelschreck! Man zerschneidet die Zehen in Stücke, die man in die Zweige hängt, der durchdringende Geruch schützt das Grün.
Auf **Plastiknetze** zum Schutze für Beeren und Sträucher wurde bereits auf Seite 22 hingewiesen.
Alle Schädlinge, seien sie tierischer oder pilzlicher Art, die das Beerenobst heimsuchen könnten, werden bei guter Bodenpflege und jährlichem Schnitt in der allgemeinen regel-

mäßigen Kräuterspritzung getroffen. Zur schnellen und bequemeren Übersicht dieser Spritzungen haben wir diesem Buch eine genaue Spritztabelle angefügt.
In besonders stark gefährdeten Jahren kann eine Spritzung oder Bestäubung mit Pyrethrum=Derris=Präparaten (aus den Wirkstoffen ausländischer Pflanzen; in allen Drogerien erhältlich) schnelle Hilfe bringen. Die einheimischen Arten dieser stark riechenden Gewächse werden auch als Zierblume unter Obstbäume und Beerensträucher gesät, wo ihr Geruch die Schadinsekten abhält.

Schnitt

Alljährlich müssen die Beerensträucher beschnitten werden. Die günstigste Zeit für den Schnitt sind die Herbstwochen nach erfolgtem Blattfall und vor der Herbstbodenbereitung. Man kann jedoch auch in den Wintermonaten bei leichtem Bodenfrost den Jahresschnitt ausführen; doch muß bei — 3 Grad Celsius jeder Schnitt eingestellt werden. Auch sollte man diese Arbeit nicht zu spät in den Nachwinter oder gar ins Frühjahr verlegen, da gerade bei Beerensträuchern der Saftumlauf schon zeitig beginnt.
Nur an jungen Sträuchern und in rauhen Gegenden ist es angeraten, den Rückschnitt erst nach der strengsten Winterkälte — Mitte Februar bis Anfang März — vorzunehmen (siehe auch Pflanzschnitt, Seite 34).
Grundsatz des Winterschnittes ist, Möglichkeit für Luft und Sonne übers Jahr zu schaffen, damit die Sträucher sich gesund entwickeln können.
Strauchschnitt: Beim Aufbau des Stockes läßt man nicht mehr als 6 bis 8 Triebe sich etwa 40 cm über dem Boden vergabeln. Sind weniger Triebe vorhanden, so kürzt man auf drei bis vier Augen, um den Austrieb anzuregen. Jährlich werden dann nur die Ersatztriebe hierfür belassen und die schwachen Triebe herausgeschnitten.

Erst nach dem dritten Jahr beginnt der intensive Schnitt. Bekanntlich tragen Johannisbeeren vorwiegend an zwei= und dreijährigem Holz und bilden auch in diesen Jahren zahlreiche mit Blütenknospen besetzte Kurztriebe.
Vier= und fünfjährige Zweige erkennt man am dunklen Holz und den schwachen Augen. Das Kurzholz beginnt abzusterben, die Zweige werden von unten auf kahl, haben wenig Blätter, die ja zur Erhaltung der Fruchtbarkeit notwendig sind.
Nun ist es Zeit, diese abgetragenen Triebe möglichst tief am Wurzelhals abzuschneiden. Ein gesunder Strauch schließt solche Lücken durch junge, kräftige Holztriebe.
Beim Auslichten muß hin und wieder auch mal ein kräftiger Jungtrieb ausgeschnitten werden, wenn er einen in guter Ent=wicklung stehenden mehrjährigen Trieb bedrängt. Lockere, luft= und lichtdurchlässige Form ist immer die fruchtbarste. Zehn bis zwölf Bodentriebe kann jedoch ein ausgewachsener Johannisbeerstrauch gut haben. So verjüngt sich der Stock immer wieder und kann bei regelmäßiger Pflege jahrzehntelang seinen Dienst im Garten erfüllen.
Wenn bei einem älter werdenden Strauch die aus dem Wurzel=hals kommenden Jungtriebe ausbleiben, Beerengröße und Trau=benlänge nachläßt, dann ist die Zeit zur Verjüngung gekom=men. Die ältesten Zweige werden dicht am Wurzelhals abge=schnitten, die verbleibenden auf ca. 60 cm gekürzt. Gute Bodenpflege und Düngung muß diese Wirkung des Rückschnit=tes unterstützen. Ist der Strauch gesund, so entwickelt er not=wendig im nächsten Kulturjahr zahlreiche Jungtriebe, die zur Neubildung der Strauchkrone benutzt werden.
Sehr alte Sträucher lassen sich durch Anhäufeln von fruchtbarer Erde noch für manches Jahr verjüngen. Wir haben hier wie=derum den Beweis erbracht für die Fruchtbarkeit durch An=häufeln und „Hügelkultur", von der bereits auf Seite 33 die Rede gewesen ist.
Aus dem Wurzelstock bildet der so angehäufelte alte Strauch viele Jungtriebe, die meist straff nach oben wachsen. Die alten

Zweige legen sich bei guter Fruchtbarkeit nach außen. Beim Schnitt muß dies reguliert werden: Das nach außen liegende alte Holz wird zuerst entfernt; dann erst wird unter den aufstrebenden Jungtrieben Luft geschaffen und die neue Krone gebildet. Diejenigen unter ihnen, die sich schräg nach außen neigen, werden geschont, denn von ihnen ist die beste Fruchtbarkeit zu erwarten.

Das **Einkürzen** der Triebspitzen an Beerensträuchern ist bei Johannisbeeren im allgemeinen nicht nötig. Nur da, wo sich träge Fruchtentwicklung zeigt oder der Wuchs des Strauches eine Verkahlung des unteren Holzes aufweist – vor allem bei weißen Johannisbeeren – wird ein Viertel gekürzt.

Hochstämmchen: Aus den sich zahlreich bildenden Trieben wird unter Verwendung der besten – ca. 5 bis 6 – eine runde, gleichmäßig entwickelte Krone aufgebaut. Alle Seitentriebe werden auf 3 bis 4 Augen zum Fruchtholz gekürzt. Jährlich müssen schwache und abgetragene Teile, auch überzählige Jungtriebe, herausgenommen werden, um die Krone locker zu erhalten. Es muß daran erinnert werden, daß Hochstämmchen auf „Ribes aureum" veredelt sind (siehe Seite 29). Neuaustriebe u n t e r h a l b der Veredelung können für Neupflanzungen nur als Unterlage gebraucht werden. Zum Ausgleich des Safttriebes in den ersten 2 bis 3 Jahren siehe Seite 42 über Wurzelschosse und Stammaustriebe.

Spalier: Die für Hecken und Spalier geeigneten Sorten, z. B. „Vierländer", „Holländer", „Heros", müssen sorgfältig ausgesucht werden. Man bindet die jungen Triebe fächerartig an waagerecht gezogenen Drähten oder am Gartenzaun, ähnlich wie bei Pfirsichspalieren. Das alte Holz wird jährlich herausgeschnitten und das junge gekürzt.

Hecken: Vier bis fünf starke Triebe werden im ersten Jahr zum Aufbau des Strauches stehengelassen, alles andere wird entfernt, auch die von unten sich bildenden Triebe. In den folgenden Jahren werden alle Seitentriebe stark gekürzt, nicht

aber der Leittrieb. Erst im Älterwerden wird der Leittrieb weg=
genommen, und aus Jungtrieben werden neue Leittriebe ge=
wählt. Im zweiten Kulturjahr stellt man ein Drahtgerüst auf.
An jedes Ende der Anlage werden starke Holz= oder Zement=
stützen eingerammt, an denen zwei oder drei Doppeldrähte
in Zwischenräumen von 40 bis 50 cm straff gespannt werden.
Sie müssen dem Wind standhalten können. Fächerartig werden
die Triebe zwischen die Doppeldrähte gesteckt oder leicht an=
gebunden. Bei einem Fünferaufbau wird der Mitteltrieb senk=
recht nach oben geleitet.

Gehalte und Verwendung

Der Vitamin=A=Gehalt der roten und weißen Johannisbeere ent=
spricht durchaus jenem der durch ihren hohen Vitamin=C^2=Gehalt
berühmt gewordenen schwarzen Johannisbeere (siehe Seite 51).
Schon im Mittelalter wußte man um den Wert der Johannis=
beere. Als durstlöschend wurde der Saft bei Fieber, Magen=
und Darmleiden genommen. Ganz im Sinne der Gerbstoff=
drogen wurde er verwandt gegen Erbrechen, Blutspucken, gegen
das „Herzzittern, zur Befestigung loser Zähne und des Zahn=
fleisches" (Kröber, München; Prof. Eckstein, Kneipp=Kräuter=
kuren). Die Säfte wurden im Rohzustand genommen, wie dies
auch heute wieder angestrebt wird. So erhalten sich die wich=
tigen Stoffe ungemindert, z. B. der Invertzucker – ein Gemisch
von Trauben= und Fruchtzucker –, der in den Johannisbeeren
4= bis 9prozentig enthalten ist, die freien Säuren (besonders
Zitronensäure) mit 2 bis 2,5 Prozent, Pektinstoffe und eiweiß=
haltige Substanzen. Unkonserviert, unvergoren, naturrein,
ohne jeden Wasserzusatz werden solche Fruchtsäfte bei Leber=
und Nierenleiden, bei Kreislaufstörungen und für Saftfasten=
kuren verwandt, sogar als Zusatznahrung für Säuglinge und
Kleinkind gegeben.
Die übliche Verwendung der roten Johannisbeere ist hinrei=
chend bekannt, allein oder mit Himbeeren zusammen wird sie

beim Backen und Kochen — was jedoch, wie gesagt, ihren Wert
bedeutend vermindert — gebraucht.
Milder im Geschmack als die rote ist die weiße Johannisbeere
und eignet sich darum eher zur Rohkost.

Johannisbeere

b) schwarz

Ribes nigrum L

Unsere Vorfahren nannten die schwarze Johannisbeere „Wan=
zenbeere" wegen ihres „unfreundlichen Geruches" (Prof. Geß=
ner, „Gift und Arzneipflanzen von Mitteleuropa").
Wenn man nämlich die Grünteile dieses Beerenstrauches ver=
reibt, hat man den eigentümlichen Wanzengeruch. Das hat an=
fangs den „Wanzenbaum" unbeliebt gemacht.
Bis zu zwei Meter hoch wuchs er als Wildform in nord= und
mitteleuropäischen Waldgebieten bis nach Asien hinein im
Ufergebüsch, in Flachmooren und in Sümpfen, was auch das
starke Bedürfnis unseres Kulturstrauches nach Boden= und
Luftfeuchtigkeit erklärt.
Als dann in der zweiten Hälfte des 16. Jahrhunderts die Be=
deutung von Beere und Strauch als Heilmittel entdeckt wurde
— u. a. gegen Rheumatismus, Gicht, Wassersucht etc. —, er=
oberte sich der nun Ahl= und Gichtbaum genannte Strauch
mehr und mehr Freunde, so daß man ihn auch in den Gärten
anpflanzte.
Der feldmäßige Großanbau unserer Zeit war wohl eine Folge
der Entdeckung des Professors von Euler im 20. Jahrhundert.
Er fand in der schwarzen Johannisbeere ein Vitamin C, dem
man die Bezeichnung Vitamin C^2 gab, und das stärker als an=
dere Vitamine die Widerstandskraft des Organismus gegen
bakteriöse Erkrankung fördert.
Im besten Sinne modern wurde die schwarze Johannisbeere, als
der gleiche Wissenschaftler in ihr den Wirkstoff P entdeckte,

der sich als wirksames Mittel gegen radioaktive Strahlen erwiesen hat. Schon dieser Grund allein wird der Kultur der schwarzen Johannisbeere bei der wachsenden Radioaktivität eine große Zukunft schenken. Heute gehört der Strauch zu den von der Medizin am meisten angeforderten Heilpflanzen.
Das gibt ihm aber auch eine Bedeutung für den Kleingarten, zumal er bei rechter Bodenpflege mit jeder Bodenart zufrieden ist. Selbst dort, wo kein Obstbau mehr möglich ist, gedeiht er noch. Für jeden Haushalt sollten einige Büsche im Garten bereitstehen.

Standort und Boden

des Kulturstrauches erklären sich aus der Wildform der schwarzen Johannisbeere. Sie liebt Feuchtigkeit — nicht stauende Nässe — und nicht zuviel Sonne. Der Strauch, der an sich nicht frostempfindlich ist, steht am besten in Nord-, Nordwest- oder Ostlage. Noch in rauhen Gegenden bringt er gute Ernten. Westlage ist nur dann möglich, wenn genügend Windschutz vorhanden. Südlage jedoch kann durch einen zu frühen Austrieb schädlich werden in den Maifrösten.
Wie bei der roten und weißen Johannisbeere (siehe Seite 27) pflanzt man möglichst nicht in Kolonien. Merkwürdigerweise zeigt die schwarze Johannisbeere für die Nachbarschaft der Sauerkirsche besondere Sympathie. In ihrem Schatten bringt sie reichere Frucht und wird von Milben gemieden. Mehr noch, als es bei den anderen Beerensträuchern beobachtet wurde, reagiert sie mit besserem Wuchs und größerer Fruchtbarkeit auf Erdanhäufelungen (siehe „Hügelkultur"!), Anpflanzung auf Erdwällen und Hängen. Dort bildet sie die zur steten Erneuerung notwendigen Jungtriebe in reichem Maße. Fußstämmchen sind bei der schwarzen Johannisbeere nicht zu empfehlen; der Wurzelhals trocknet aus, wenn er nicht genügend bedeckt ist. Die Befruchtung macht einige Schwierigkeiten, weil die Blüten nicht — wie beim anderen Beerenobst — proterogyn sind. Sie

blühen ungleichmäßig, was die Bestäubung erschwert und die Ernten bei schwachem Insektenflug oft unrentabel macht. Durch Sortenwechsel kann dieser Mangel in etwa ausgeglichen werden.

Sortenwahl

Die alte holländische Sorte **„Goliath"**, für schwere, feuchte Böden geeignet, gegen Frühfröste wenig empfindlich, reift ungleichmäßig. Zum Ausgleich sollte sie in ihrer Nachbarschaft **„Rosenthals langtraubige Schwarze"** haben. Dieser Strauch wächst ausholend, was ihn auch für Hecken geeignet macht. Große, dicke Beeren hängen an langen Trauben.
Rosenthals Schwarze steht immer zusammen mit der Sorte **„Silvergitters Schwarze"**. Sie fördern sich gegenseitig zur Befruchtung. Ebenfalls aus Holland eingeführt, ist sie aber weit jüngeren Datums und gehört mit zu den ertragreichsten Sorten. Ihre Beeren sind mild und angenehm im Geschmack, was sie besonders für Rohkost geeignet macht.
„Roodknop", eine mittelfrühe Sorte, ist wenig frostempfindlich, bringt regelmäßige Ernten mit höchstem Vitamingehalt.
„Daniels September", eine späte Sorte, reift aber früher als September. Der Strauch ist von starkem Wuchs, innen aufrecht und dicht, außen weit überhängend, was für eine Heckenanlage günstig wäre. Er bringt hohe und sichere Ernten.
„Brödtorp", ebenfalls gut für Hecken geeignet wegen ihrer flach überhängenden Zweige. Eine finnische Sorte und darum frosthart und widerstandsfähig. Sie blüht bei uns früh und kann von allen Sorten zuerst geerntet werden.

Pflanzung

Der Strauch der schwarzen Johannisbeere holt weit aus. Man sollte ihn in Gärten einreihig pflanzen mit ca. 2 bis 2½ m Abstand, je nach Wüchsigkeit der Sorte. Bei heckenartiger Anlage genügt 1,50 bis 2 m Abstand.

Herbstpflanzungen sind entschieden vorzuziehen (Okt./Nov.), damit genügend Zeit und Bodenfeuchtigkeit zum Anwurzeln gegeben ist. Muß die Pflanzung aus irgendeinem Grund im Frühjahr geschehen, so ist eine sofortige reichliche Bodenbedekkung die beste Sicherung gegen das schnelle Austrocknen des Erdreiches.

Bezüglich der Bodenvorbereitung durch Grüneinsaaten oder Hülsenfrüchte siehe Seite 30! Das Pflanzloch muß jedoch ca. 10 cm bei der schwarzen Johannisbeere tiefer liegen als bei der roten, trotz der auch hier flach verlaufenden Wurzeln. Das gibt dem Strauch nicht nur eine größere Festigkeit, sondern entspricht auch seinem Bodenbedürfnis.

Bei Herbstpflanzungen muß das Ausheben der Grube und ihre Vorbereitung (siehe Seite 31) 4 bis 5 Wochen vor der Pflanzung geschehen. Bei Frühjahrspflanzung (siehe Seite 31) im vorausgegangenen Herbst. Im übrigen geschieht alles wie bei der roten Johannisbeere (siehe Seite 30–32). Was aber bei Bäumen und anderen Sträuchern falsch wäre, das ist bei der schwarzen Johannisbeere notwendig: Sie wird so tief gesetzt, daß die Seitenäste mit zwei oder drei Augen u n t e r die Erde kommen. Dadurch wird der Bodenaustrieb gefördert, was gerade bei diesem Strauch so nötig ist.

Der **Pflanzschnitt** wird – auch bei Herbstpflanzungen – erst nach den Frösten ausgangs des Winters gemacht (siehe Seite 34). Auf 4 bis 6 Trieben baut sich der Strauch auf; sind weniger vorhanden, so werden sie auf 3 bis 4 Augen gekürzt, um den unteren Austrieb anzuregen, sonst genügt ein Kürzen auf 5 bis 6 Augen.

Die Schnittwunden werden sogleich mit Lehmbrei (siehe Seite 118) oder mit gutem Baumwachs bestrichen wegen der Infektionsgefahr des Holzes. Danach bekommt die Pflanzscheibe eine gute Bodenbedeckung, wie bei der roten Johannisbeere angegeben.

Bodenpflege

Alles, was unter „rote Johannisbeere" (s. Seite 36 ff.) über die Kultur des Bodens gesagt wurde, gilt auch für die schwarze. In verstärktem Maße aber muß hier aufmerksam gemacht wer= den auf die d a u e r n d e Bodenbedeckung zur Erhaltung der für die schwarze Johannisbeere so notwendigen Bodenfeuchtig= keit. Sommers wie winters sollte nie der Boden unbedeckt da= liegen. Man kann über Winter Mistpackungen um den Stock herum legen, doch nur dann, wenn der Mist gut verrottet oder gar kompostiert wurde. Frischer Stallmist hat nur Ungezieferplage im nächsten Jahr zur Folge wegen zu starker Stickstoff= zufuhr. Im übrigen ersetzen die auf Seite 38 genannten Ein= streudünger in den Pflanzenkompost den Stallmist vollauf für das Beerenobst.

Auch bei Erdhügelanlage muß die Bodenbedeckung eingehalten werden. Während der Kulturzeit können die freien Flächen mit Küchen= und Gewürzkräutern, mit Salaten, vor allem mit dem gut rankenden Neuseeländer Spinat bepflanzt werden. Nachdem er im März in Töpfen ausgesät und vorgezogen wor= den ist, pflanzt man ihn nach den Maifrösten aufs Land, wo er bis in den Winter hinein nicht nur mit seinen jungen Blättern für gutes Gemüse sorgt, sondern auch im Garten den Boden schützt.

Bei der Kultur dieser Deckpflanzen muß jedoch jede tiefere Bodenbearbeitung vermieden werden, damit die Fruchtbarkeit der Beerensträucher nicht beeinträchtigt wird durch Verletzung der flachen Saugwurzeln. Über Winter deckt man mit Kompost ab, kann aber auch andere Pflanzenreste sowie Laub verwen= den.

Spritzungen über Boden und Strauch, besonders im Frühjahr und Herbst, sind sehr zu empfehlen. Baldrianblütenextrakt (siehe Seite 115), Schachtelhalm= und jung blühender Löwen= zahntee, auch als Mulch um den Strauch herum gedeckt, ver= bessern die Qualität der Früchte und regen das Wachstum an.

Schädlinge

Die schwarze Johannisbeere hat bei gesunder, naturgemäßer Pflege von Boden und Strauch wenig unter Schädlingen zu leiden. Sollte sich trotzdem der eine oder andere Schaden zeigen, so ist er mit natürlichen Mitteln bald zu beheben.

Wie die rote und weiße Johannisbeere (siehe Seite 40/44), so kann auch die schwarze von Blattfallkrankheit und Läusen befallen werden. Die gleichen Vorbeugungs- und Bekämpfungsmittel kommen auch hier in Frage.

Stirbt plötzlich ein junger Zweig ab oder ist er erheblich geschädigt, so kann es sich um den Raupenfraß des Johannisbeerglasflüglers handeln, von dem unter „Schädlingen" Seite 45 f. bei der roten Beere die Rede gewesen ist. Die Schnittwunden bis ins gesunde Holz müssen mit Lehmbrei, dem man zweckmäßig auch **Rainfarntee** unterrührt hatte, bestrichen werden.

Schwellen die Knospen der jungen Triebe — besonders ab Juni — stark an — die schwarze Johannisbeere hat schmale, längliche Knospen —, so wird es sich um die Gallmilbe (Eriophyes ribis) handeln, die zu Tausenden in der Verdickung lebt und leicht auch von hier auf die anderen Beerensträucher übertragen werden könnte. Wind, Insekten, ja der Gärtner selber wird zum Überträger der Schädlinge. Im Sommer dringen die Milben in die für das nächste Jahr gebildeten Knospen ein und gefährden so auch die Ernte der Zukunft. Die Knospen sterben ab, oder es bilden sich verkrüppelte Kurztriebe. Einige Beerensorten, vor allem die Sorte „Goliath", sind anfällig für die Gallmilbe. Beim Schnitt findet man die befallenen Knospen als braune, abgestorbene Triebe, die man abschneidet und sofort verbrennt. Dieserart befallene Sträucher sind stark zurückzuschneiden; das Steckholz darf von ihnen nicht genommen werden. Jungpflanzen können durch Eintauchen der Triebe — 10 Minuten lang in 48 Grad heißes Wasser — entseucht werden. Auch der Gärtner muß Hände und evtl. Arbeitskleidung in

gleichem Heißwasserbad reinigen, wenn er nicht bei der Schnitt=arbeit den gesunden Pflanzen schädlich werden will. Eine Vor= und Nachblütenspritzung ist angeraten mit **Rainfarntee** und bei starkem Befall auch eine solche in die geöffnete Blüte, oder eine Bestäubung mit **Pyrethrum=Derris** (siehe Seite 47).
Da Milben bekanntlich **Virus**überträger sind, so ist die **Gall=milbe** nicht leichtzunehmen. Sobald sich an Blüten und Blät=tern Verbildungen zeigen – die Blätter brennesselartiges Aus=sehen bekommen, die Blüten rotbläulich werden und ausrie=seln –, ist es ratsam, die ganze Pflanze auszureißen und sofort zu verbrennen, ehe eine unheilvolle **Viruserkrankung** den Gar=ten verseucht.
Wo die Sträucher der schwarzen Johannisbeere zu eng stehen, so daß Luft und Wind nicht hindurch können, kann es in feuch=ten Jahren vorkommen, daß sich an der Unterseite der Blätter gelbrote Pusteln bilden, die sich ausgangs des Sommers rost=braun verfärben. Stark befallene Sträucher bleiben unfruchtbar, zeigen schlechte Triebbildung und Holzreife und sterben schließlich ganz ab. Es handelt sich bei dieser Erkrankung um den sogenanten S ä u l c h e n r o s t (Cronartium ribicola). Un=ter der Lupe erkennt man säulenartige Fruchtkörper in den Pusteln, deren Wirtspflanze die fünfnadeligen Kiefern sind, z. B. die Weymouthskiefer (Pinus strobus). Der Wind trägt die Sporen mehrere hundert Meter weit. So ist die erste Sorge der Bekämpfung, den Zwischenwirt zu entfernen; solange dies nicht geschehen ist, wird kaum eine durchschlagende Hilfe mög=lich sein. Neuestens hat man mit der Wermutpflanzung in der Nähe der schwarzen Johannisbeere gute Erfolge gehabt. Dieses Gewürz= und Heilkraut, das sonst weit aus der Nähe jeder Kulturpflanze gerückt werden soll (siehe unsere Schrift: „Heil= und Würzkräuter“, Seite 32!), befreit durch seine Nachbarschaft die schwarze Johannisbeere vom gefährlichen Säulchenrost.
Um anderen Kulturen durch das Absinth des Wermuts nicht schädlich zu werden, halten wir es für richtiger, zu einer Wer=mut s p r i t z u n g zu greifen, sobald sich an den Beeren=

sträuchern Anzeichen einer Säulchenrosterkrankung bemerkbar machen. Wermutblätter und -stiele kocht man auf und spritzt den Absud in kurzen Abständen dreimal über die befallenen Pflanzen. Noch einfacher ist das Verfahren, das uns von einem Experten der Obstbauzucht gemeldet wird: Man geht homöopathisch vor nach dem Gesetz „Gleiches mit Gleichem zu heilen". In einem offenen Faß mit Regenwasser läßt man Wermutkraut, zusammen mit befallenem Strauchwerk des kranken Beerenstockes verjauchen. Nach gründlicher Durchgärung wird die Flüssigkeit auf die befallenen Sträucher gespritzt; den Satz legt man als Mulch um den Strauch herum (Org. Landbau 1964). Durch frühzeitige Bekämpfung, sobald Pusteln sichtbar werden – oft schon im Mai in ihrem Anfangsstadium! –, kann auf diese Art der Wermutbehandlung in einer 3- bis 4maligen Spritzung der Strauch gerettet werden.

Im übrigen sind die regelmäßigen Kräuterspritzungen sämtlicher Obstgehölze des Gartens – im Winter ins Holz mit Rainfarn, Frühjahrsspritzungen vor oder nach der Blüte mit Schachtelhalm – nicht nur ein Bekämpfungs- und Vorbeugemittel gegen Schädlingsbefall, sondern vor allem auch eine organische Stärkung der Widerstandskraft für alle Kulturen.

Schnitt

Die Erfahrung beim Anbau der schwarzen Johannisbeere hat bewiesen, daß die bisher allgemein übliche Schnittpraxis für den Ertrag nicht so vorteilhaft ist.

Der Strauch ist vornehmlich am jungen Holz der 1- bis 2jährigen Triebe fruchtbar. So muß sich der Jahresschnitt mehr auf eine dauernde Verjüngung einstellen.

Hat sich der Stock auf 4 bis 6 Bodentriebe aufgebaut, so können jährlich vom Neuaustrieb 2 bis 3 starke Bodentriebe stehenbleiben und nacheinander die älteren 3- bis 5jährigen – erkenntlich am dunklen Holz – direkt an der Wurzel herausgenommen werden. So baut sich das Grundgerüst aus 6 bis 8 starken Ästen auf. Mehr als 8 Bodentriebe sollten nicht stehen=bleiben, damit Licht und Luft und somit Entfaltungsmöglichkeit gegeben ist. Alle zu dicht stehenden und schwachen Triebe müssen herausgenommen werden. Nach oben hin verzweigen sich dann die Jahrestriebe gern und bringen am jungen Seiten=holz reiche Frucht. Rückschnitt der Triebspitzen ist im allge=meinen nicht notwendig, nur wenn man eine Verzweigung der Jahrestriebe wünscht, um mehr junges Holz zu fördern. Ja, man muß sich sogar hüten, durch einen zu starken Schnitt den Holztrieb unnötig zu reizen, was immer auf Kosten der Frucht=barkeit geht.

Es hat sich gezeigt, daß bei der schwarzen Johannisbeere der Sommerschnitt günstiger ist als der Winterschnitt. So kann man gleich nach der Ernte die alten abgetragenen Ruten heraus=nehmen; der **Rückschnitt** aber wird besser in den Nachwinter verlegt, wenn die strenge Kälte vorüber ist.

Bei regelmäßigem Schnitt und guter Pflege kann so ein schwar=zer Johannisbeerstrauch in steter Verjüngung gut seine zwei Jahrzehnte stehen und Frucht bringen. Läßt er einmal nach und wollen Bodentriebe ausbleiben, die doch zur Erneuerung notwendig sind, so bedarf es oft nur einer guten Erd= oder Kompostanhäufelung, um das Wachstum neu anzuregen. Man mischt, um den Kompost zu verbessern, etwas Peru=Guano oder einen der oben, Seite 38, angegebenen Einstreudünger darunter, macht überdies eine Baldrianblütenspritzung über Strauch und Boden, und schon wird sich neues Leben zeigen. Ist altes Holz stehengeblieben in den Jahren, so wird dies gründlich heraus=genommen, tief an der Wurzel, und die vorhandenen Triebe auf ein Drittel gekürzt, um den Bodenaustrieb anzuregen. Man wird dann mit Gewißheit die Erfahrung machen, daß der alte Strauch noch manches Jahr fruchtbar im Garten seinen Platz verdient.

Reagiert er aber nicht auf diese Behandlung, so wird Holzver=letzung der Wurzel vorliegen, die meist durch Pflegemangel

entstanden ist; oder stauende Nässe an einem ungünstigen Platz hat ihm die Lebensbedingungen genommen.
Wegen der großen Anfälligkeit seines Holzes sollte man die Schnittwunden des schwarzen Johannisbeerstrauches stets mit Baumwachs oder Lehmbrei bestreichen. Den Lehmanstrich oder die Lehmspritzung sollte man an allem Beerenholz vornehmen. Mittels eines Handfegers läßt sich im Herbst diese „Spritzung" gut durchführen, während größere Äste regelrecht angestrichen werden, wie wir dies für Obstbäume bereits bekanntgegeben haben. Lehmanstrich der Obstgehölze fördert Wachstum und Widerstandskraft gegen Ungeziefer und Krankheiten.
Bei **Hecken= und Spalieranlagen** (siehe Seite 53) kommt es bei der schwarzen Johannisbeere vor allem darauf an, daß kein altes Holz stehenbleibt und der Austrieb der Jungruten gefördert wird. Die Jahrestriebe bleiben unbeschnitten und werden zwischen die Doppeldrähte gesteckt oder an Einzeldrähte leicht angebunden. Sie entwickeln sich bis zu ca. 1 m Länge und sollten nicht über den obersten Draht hinausreichen, damit die Hecken= und Spalierform gewahrt bleibt. Das Auslichten und Anbinden ist somit die Hauptarbeit neben der Bodenpflege. Am Drahtgestell können die Trauben besonders gut ausreifen; gegen Frostgefahren des Frühjahrs hängt man Säcke oder Folien über Nacht darüber.

Gehalte und Verwendung

Wie eingangs gesagt, ist die schwarze Johannisbeere als Heilpflanze von größtem Wert. Ihr Gehalt an Vitamin C, der Ascorbinsäure, übersteigt das Maß sämtlicher Obst= und Beerenarten, sogar jenes der Gemüsesorten. Vom Faktor P gegen Atomstrahlen war ebenfalls schon die Rede. Ihr Vitamin A, das Karotin, entspricht der roten Johannisbeere. Während die rote Beere reicher an Fruchtsäuren ist, hat die schwarze einen höheren Gehalt an Mineralstoffen. Der Beerensaft hat zudem einen Zuckergehalt von 10 bis 12 Prozent. Kneipp gebraucht ihn – aber auch den Aufguß junger Blätter und Triebe – gegen

Blasen= und Nierenleiden, mit vortrefflicher Wirkung bei Rheuma und Gicht, was dem ganzen Strauch im Mittelalter den Namen „Gichtbaum" eingetragen hat.
Aufgüsse von getrockneten Beeren wirken heilkräftig als Gur=gelwasser gegen Mundhöhlen= und Halsentzündungen, gegen Heiserkeit und Husten.
Als Tischtee mischt man gern unter Brombeer=, Himbeer= und Erdbeerblätter auch 10 Prozent getrocknete Blätter der schwar=zen Johannisbeere. So hat man nicht nur ein gutes Getränk, dem schwarzen Tee ähnlich, sondern es ist auch ein ausgezeich=neter Gesundheitstee.
Die Blatt= und Jungtriebernte aber darf nur mit großer Vor=sicht und nur in Abständen gehalten werden, denn eine jede Pflanze braucht ihre Blätter zum Leben.

Stachelbeere

Ribes grossularia

Dieser Dornstrauchwildling – in Europa, Nordafrika und Zen=tralasien beheimatet – ist schon von alters her in unseren Gär=ten gepflanzt worden. Unsere heutige großfrüchtige Stachel=beere ist durch Kreuzungen verschiedener Wildarten in zahl=reichen Zuchtformen entstanden.
Da der Strauch kleiner und auch anspruchsloser in bezug auf seine Nachbarschaft ist als die Johannisbeere und gut Halb=schatten verträgt, so kann mancher Platz im Garten, der durch Bäume verdeckt ist, mit ihm noch ausgefüllt werden. Allerdings bringt ein sonniger Standort größere und auch wohlschmecken=dere Früchte.

Standort und Boden

Stachelbeeren sind Flach= u n d Tiefwurzler mit der stärksten Wurzelentwicklung von 5 bis 30 cm. Einige Wurzeln dringen sogar noch tiefer in den Boden ein und bewähren sich dadurch als „Steinbrechpflanzung“ unter Obstbäumen äußerst günstig. Die Saugwurzeln jedoch haben eine weit schwächere Entwick=lung als jene der Johannisbeere; sie liegen auch nicht so flach an der Oberschicht des Bodens, was die Bodenarbeit erleichtert. Ansonsten sind die Bodenansprüche der Stachelbeere ähnlich je=ner der Johannisbeere (siehe Seite 26, 36): tiefgründiger, lockerer, leicht lehmiger Boden. Auf Kalkmergelböden kann man selbst die anfälligste Sorte der Stachelbeere mehltaufrei halten, was ihr Kalkbedürfnis verrät. Darum auch muß gerade bei Stachel=beerkulturen darauf geachtet werden, daß nur ganz vererde=ter und somit vollends aufgeschlossener Kompost zur Düngung verwendet wird; der Flachdung (Mulch) kann von gröberem Material sein. Stachelbeeren lassen sich auch gut im Standwechsel mit Johannisbeeren anbauen; besonders bei Hochstämmchen längs eines Gartenweges ist dies beliebt ge=worden.

Auch die kleinen Fußstämmchen haben sich wegen der oft hängenden Zweige als äußerst nützlich erwiesen. Innerhalb des Gartens als Windschutz für empfindliche Gemüsearten – auch als Gartenzaun – sind Fußstämmchen und auch Sträucher – in Hecken= und Spalierform gezogen – nur zu empfehlen.

Im übrigen gilt für Boden und Bodenpflege das gleiche, wie unter rote und weiße Johannisbeere angegeben wurde.

Sorten

Die Einteilung der verschiedenen Sorten geschieht nach Farbe und Form der Früchte und nach den verschiedenen Erntezeiten.

„Hönings Früheste“, die altbekannte Standardsorte, ist die früheste, gelbfrüchtige Stachelbeere, deren Anbau lohnend ist. Ein kräftig aufrecht wachsender Strauch mit mittelgroßen, be=haarten Beeren.

„Lauffener Gelbe“, aus Lauffen am Neckar, eine mittelfrühe Sorte, bringt schöne große Beeren. Die Schale ist glatt und dünn, der Geschmack leicht säuerlich. Der kräftige Strauch hat teilweise Langtriebe, die breit auseinandergehen und sich gut an Spalieren und Drähten zu halten vermögen, da auch die Stacheln leicht abwärts stehen.

„Lady Delamere", beste, ertragreichste Sorte. Sie gedeiht selbst am ungünstigsten Ort noch gut und bringt mittelfrühe, große, saftreiche Beeren von grüngelblicher Farbe.

„Grüne Kugel" ist außerordentlich fruchtbar, von kräftigem, aufrechtem Wuchs.

„Weiße Neckartal" ist besonders für Kleingärten geeignet. Eine gute, mittelfrühe Sorte mit reichen Erträgen, von hoher Quali= tät und hervorragendem Aroma.

„Weiße Triumphbeere", für Hecken, Spalier und Hochstämm= chen geeignet. Eine der zuverlässigsten Sorten, besonders gern zum Grünpflücken genommen. Sie reift mittelfrüh im Juli. Ihr entspricht, als Massenträger bekannt, die

„Rote Triumphbeere". Mit seinen weitausladenden Zweigen ist der Strauch für jeden Formschnitt geeignet. In den 100 Jah= ren des Bestehens dieser Züchtung hat die „Rote Triumph= beere" nichts an ihrer urwüchsigen Kraft und Schönheit ver= loren. Allerdings hat sie eine starke Anfälligkeit für Mehltau, die man rechtzeitig beachten muß. Sie reift ziemlich spät, Ende Juli.

Resistent gegen Mehltau ist die grüne, widerstandsfähige **„Macheraus Resistenta"**.

„Maiherzog", eine frühe bis mittelfrühe, rotfrüchtige Sorte, eignet sich für Hochstämmchen. Sie ist von kräftigem Wuchs und sehr fruchtbar.

Zur Weinbereitung eignet sich besonders gut die rotfrüchtige **„Amerikanische Gebirgsstachelbeere"**. Sie hat zwar kleine Früchte, dafür aber liefert sie überreiche Ernten, so daß man die langgestielten Beeren von den dichtbesetzten Trieben ab= kämmen kann. Die besondere Bedeutung dieses Strauches liegt in der Anspruchslosigkeit an den Standort und der weitgehen= den Widerstandskraft gegen Mehltau. Der Busch wächst kräftig mit aufrechten Langtrieben und hängenden Seitentrieben. Bei guter Entwicklung werden die Sträucher bis zu 1,50 m hoch, was gerade für eine Heckenanlage günstig wäre.

Pflanzung

Bei der Pflanzung der Stachelbeere wird genauso verfahren wie bei der roten Johannisbeere (siehe Seite 30). Angesichts der tieferen Wurzelentwicklung ist auch in der Vorbereitung des Bodens eine entsprechend tiefere Bodenlockerung notwendig. Die Grüneinsaaten, wie sie auf Seite 30 angegeben wurden, besonders die tiefwurzelnde Lupine oder über Winter der Winterroggen, schließen den Boden auf. Das Pflanzloch darf aber auch hier nicht tiefer sein, als daß gerade das Wurzelwerk darin bequem Platz hat. Auch hier werden die Wurzeln erst in Lehmbrei getaucht, der mit Schachtelhalm verrührt worden ist.
Die **Pflanzabstände** für Stachelbeeren betragen für Sträucher 1,20 bis 1,50 m, bei einer Reihenentfernung von 1,50 bis 2 m. Zu dichte Pflanzung begünstigt den Mehltau, weil Blätter, Triebe und Früchte nach Regen und Tau zu langsam abtrocknen.
Hochstämmchen brauchen an sich weniger Platz; wenn man sie in Reihen setzt, nimmt man gewöhnlich 1 bis 1,20 m. Fußstämmchen, die sich gerade bei Stachelbeeren mit ihren leicht hängenden Zweigen so günstig für die Ernte erweisen, werden im Abstand von ca. 1,30 m gepflanzt.
Alle Stammformen (Hoch-, Halb- oder Fußstamm) müssen Stützpfähle bekommen, die über die Krone herausreichen und angebunden werden.
Für Spalier- und Heckenanlage genügt ein Abstand von 1 bis 1,30 m, wie auf Seite 33 bei der Johannisbeere schon angegeben.
Bezüglich des **Pflanzschnittes** gilt alles wie bei der roten Johannisbeere (Seite 34). Sowohl bei Sträuchern als auch bei Stämmchen kommt es darauf an, daß die durch die Umpflan-

zung geschwächten Wurzeln in das rechte Verhältnis zur Krone kommen. Ein Aufbaugerüst von drei bis vier gesunden Ästen genügt.
Fußstämmchen werden durch Entfernung der unteren Augen (Knospen) erreicht.
Die **Vermehrung** der Sträucher kann man wie bei der Johannisbeere vornehmen. Am einfachsten ist für die Stachelbeere die Teilung der Stöcke oder auch das „Niederlegen" der unteren Mutterstockzweige zur Anwurzelung durch Erdanhäufeln. Auf diese Weise kann man über Jahrzehnte hinaus seinen Bedarf an Neupflanzen decken, wenn man eine günstige Mutterpflanze zur Verfügung hat.

Schnitt

Was auf Seite 47 über den Schnitt der Beerensträucher gesagt wurde, gilt auch hier.
Bei Stachelbeeren achtet man in den ersten zwei Jahren besonders auf die Entwicklung kräftiger Holztriebe zum Aufbau des Gerüstes. Da bei einigen Sorten die Seitentriebe schon in der Jugend stark überhängen, ist die Erziehung kräftiger Haupttriebe besonders wichtig.
Der Rückschnitt der Triebe ist bei der Stachelbeere intensiver als bei der Johannisbeere. Diese Schnittmaßnahme ist notwendig, einmal wegen der Gefahr des amerikanischen Mehltaus, dessen Sporen an den Triebspitzen überwintern, dann aber auch wegen der größeren und schöneren Fruchtbildung.
Strauchschnitt: Schwache Bodentriebe, altes Holz — erkenntlich an der schwarzen Farbe —, sich gegenseitig reibende und die nach innen wachsenden Triebe werden direkt an der Wurzel weggeschnitten.
Gleichzeitig ist der Strauch immer etwas in Form zu halten, so daß sich eine lichte, lockere Krone ergibt. Zu dicht stehende Seitenzweige werden herausgenommen. Alle in der vergangenen Wachstumsperiode entwickelten Triebe — sie sind silbrig-

hell – werden um ein Drittel gekürzt. Der jährliche Zuwachs der Leittriebe wird ebenfalls gekürzt.
Der Schnitt des **Fußstämmchens** entspricht dem des Strauches. Durch Ausbrechen der unteren Knospen – ca. 25 bis 30 cm vom Boden entfernt – erreicht man die etwas höhere und somit günstigere Lage der Zweige. Man muß sich jedoch darüber im klaren sein, daß die Stämmchen kurzlebiger sind als der Strauch, der direkt aus dem Boden kräftigere Triebe zu entwik= keln vermag.
Wie das **Hochstämmchen** der roten Johannisbeere, so ist auch das der Stachelbeere auf Ribes aureum veredelt. Bezüglich Saft= stauung, wie auf Seite 41/42 angegeben, kommen die Vorsichts= maßnahmen auch hier in Frage. Im Schnitt gehen ebenfalls beide gemeinsam. Bei der Stachelbeere muß man schon der Dornen wegen gut auslichten, damit man zum Pflücken der Früchte in die Krone reichen kann.
Alle Triebe, die zum kugelförmigen Kronenaufbau der Hoch= stämmchen benötigt werden, müssen etwa um ein Viertel ge= kürzt werden; alle Seitentriebe auf 3 bis 4 Knospen. Auch eine rechtzeitige Verjüngung der Krone durch Jungtriebe – wie beim Strauch – darf nicht versäumt werden. Verkahlung des Holzes und Kronenbruch wären die Folgen wegen des Mißverhältnisses zwischen Kronengröße und Stammstärke. Darum ist auch jähr= lich eine Nachprüfung des Stützpfahles angeraten. Anfangs mittelstark, muß dieser im Laufe der Jahre gegen einen stärke= ren ausgewechselt werden. Der Pfahl muß immer landeinwärts stehen, so daß das Bäumchen zum Wege hin bei Sturm ge= schützter steht.
Heckenschnitt: Siehe Seite 49 wie bei der roten Johannisbeere. Stachelbeeren lassen sich gut als Hecken aufziehen, sowohl die Stammform als auch das Fußstämmchen. Regelmäßiger Rück= schnitt der Seitentriebe, sogleich nach Laubfall, sorgt für gute Fruchtentwicklung. Rechtzeitige Erneuerung der Leittriebe schützt vor Verkahlung. Innerhalb des Gartens und an seinen Grenzen lassen sich so beliebig hohe Abgrenzungen ziehen.

Ein Sommerschnitt kommt — wie beim gesamten Beerenobst, mit Ausnahme plötzlich absterbender Zweige — auch für die Hecke nicht in Frage. Man kann die Erträge für das nächste Jahr bedeutend steigern, wenn der Rück schnitt gleich nach der Ernte vorgenommen wird; doch zur Schonung der Sträucher wartet man im allgemeinen bis nach dem Blattfall.

Schädlinge

Vor allem ist es der „amerikanische Stachelbeer mehltau" (Sphaerotheca mors uvae), der unseren Kulturen zu schaffen macht. Erst um 1900 ist er nach Deutschland eingeschleppt worden.

Auf Blättern, Triebspitzen und Früchten zeigt sich zunächst ein schmutzig-weißer, filziger Überzug, der sich später braun färbt. Triebe stocken und bekommen besenartiges Aussehen. Die Früchte verkümmern, platzen oft auf, werden unansehnlich und sind nicht genießbar. Die Blätter trocknen und fallen ab. Je milder der Winter gewesen ist, um so größer die Gefahr eines Befalls; lang andauernde Winterkälte jedoch mit schnellem Frühlingseinsatz läßt den Pilz nicht zur Entwicklung kommen. Da es feststeht, daß von Pilzparasiten nur kranke und schwächliche Pflanzen befallen werden, so müssen Lage, Stand und Boden der Kultur in Augenschein genommen werden. Feuchtes Klima begünstigt den Pilzbefall. Die Erfahrung hat gezeigt, daß Hoch- und Halbstämmchen weniger vom Mehltau befallen werden als Sträucher.

Durch den regelmäßigen Jahresschnitt und das **Einkürzen** der Triebe bis ins gesunde Holz haben wir 90 Prozent der Ansteckungsgefahr für die kommende Zeit beseitigt. An den Triebspitzen nämlich sitzen die Überwinterungsfruchtkörper mit den darin enthaltenen Sporen. Alles abgeschnittene Holz muß darum gesammelt, die Blätter zusammengeharkt und beides verbrannt werden. Auch im Boden überwintern die Sporen.

Überdüngter Boden, besonders bei geschlossenem Garten, ist die beste Voraussetzung für Mehltaubefall; auch das Einbringen von frischem Grün in den Boden hat oft Mehltau, Rost und Drahtwurmplage zur Folge. Man verwendet Grün besser als Boden b e d e c k u n g , als daß man es wie Dung ins Erdreich gräbt. Vor allem Beerensträucher wollen vererdeten, reifen Kompost.

Die Engländer empfehlen wieder und wieder gegen Mehltau Bodenspritzungen mit **Farnkrautextrakt** oder auch das Mulchen mit **Farnkraut,** denn Mehltau kann auf Kalimangel des Bodens hinweisen, wofür gerade Farnkraut das naturgemäße Mittel ist (vgl. „Mother Earth", Januar 1954). Man kann auch Farnkraut in den Kompost einbauen und auf diese Weise dem Erdreich zuführen. Gerade die Stachelbeere reagiert vorteilhaft auf diese Kalizufuhr. (Über „Farnkraut" und seine Verwendung siehe unsere Büchlein „Für den Garten dies und das", Seite 13 f., 18 f. und „Der Natur auf der Spur", Seite 43 ff.)

Eine gründliche Spritzung v o r dem Austrieb bei allen Beerenkulturen — man kann diese Spritzung mit der allgemeinen Winterspritzung der Obstbäume verbinden — mit **Rainfarn-Schachtelhalm-Brennessel im Gemisch** oder im Wechsel, einschließlich des Bodens, ist die beste Hilfe und ergänzt den Rückschnitt der Triebe vollauf. In nassen Jahren empfiehlt es sich, diese Spritzung auch im belaubten Zustand zu wiederholen, zumal, wenn **Schachtelhalm vorherrschend** ist. Jedesmal wird der Teesatz als Mulch um die Sträucher gelegt. Zeigt sich im Laufe der Kulturzeit Mehltaubefall — er wird durch den Wind verbreitet —, so spritzt man mit reinem **Schachtelhalm** bei praller Sonne. Die Widerstandskraft der Pflanze wird dadurch gestärkt, und der Pilz hat keine Zukunft.

Von B l a t t f a l l krankheit an Johannis- und Stachelbeeren war bereits auf Seite 40/41 die Rede, ebenfalls auf Seite 40/41 über die Gefahr einer S a f t s t a u u n g bei Hochstämmchen. Auch die Sporen des R o s t p i l z e s (siehe Seite 43) können auf Stachelbeer- wie auf Johannisbeersträucher verweht werden und Schaden anrichten.

Unter den tierischen Schädlingen ist es vor allem die Rote Spinne (Paratetranychus pilosus) aus der Familie der Milben, die, wie die Stachelbeer milbe (Bryobia praetiosa) zum Überträger von Krankheiten, vor allem der Viruserkrankung werden kann. Sie hat in den letzten Jahren in allen Ländern überhand genommen, denn sie vermehrt sich ungeheuer stark, in 5 bis 6 Generationen für das Jahr. Viele Millionen werden jährlich insgesamt für Pflanzenschutzmittel gegen sie ausgegeben. Leider ohne Erfolg.

Im Grunde ist sie keine erschreckende Angelegenheit, da sie erfahrungsgemäß durch natürliche Mittel leichter in Schach gehalten wird als durch Giftspritzung. An diese gewöhnt sie sich sehr bald; obendrein werden durch Giftspritzungen auch ihre natürlichen Feinde vernichtet.

Die Eier der Spinnmilbe überwintern am Holz der Sträucher, können also zugleich mit der allgemeinen **Winterspritzung** der Obstgehölze und der ersten Jahresspritzung für Beerenobst **(Rainfarn-Schachtelhalm)** getroffen werden.

Die Larve schlüpft früher aus als jene der Obstbaummilbe. Schon vor der Strauchblüte wandert sie, oft in Mengen, auf die Blätter und richtet großen Schaden an am jungen Grün. Während der Kulturzeit erkennt man die Tätigkeit der Spinnmilbe an den weißlich gesprenkelten Blättern, an denen sie saugt. Die Blätter verfärben sich später grau-braun, vertrocknen und fallen ab. Die Folge davon ist, daß die Früchte klein bleiben, schlecht ausreifen und der Blütenansatz für das nächste Jahr geschwächt wird. Sträucher, die stark der Sonne ausgesetzt sind, werden am ehesten befallen, wie überhaupt warmes, trockenes Wetter ihnen sehr zugute kommt.

Bemerkt man im Laufe des Sommers an der Unterseite der Blätter zarte, weißliche Gespinste, in denen die Eier und Tierchen in allen Entwicklungsstufen beieinander sind, dann muß man mit scharfem **Wasserstrahl** von unten her in das Gesträuch spritzen, besser noch bei praller Sonne mit **Schachtelhalm.** Sehr gute Erfolge hat auch das **Heißwasserverfahren** schon gehabt. In heißes Wasser von 50 bis 52 Grad taucht man die befallenen Triebe, genau wie bei der Blattlaus. Das Grün erholt sich sehr bald wieder, die Schädlinge aber sind getötet. Auch Heißwasser**spritzungen** können gemacht werden, nur muß da die Temperatur wegen der Abkühlung durch die Spritze etwas höher genommen werden.

Die R a u p e n des Stachelbeerspanners (Abraxas grossulariata) und die raupenähnliche L a r v e der Stachelbeerblattwespe (Pteronus ribensis) können den Sträuchern großen Schaden bringen. Beide legen an der Blatt u n t e r s e i t e ihre Eier ab: die B l a t t w e s p e reihenweise an die Blattrippen in 3 bis 4 Generationen, von April bis September; der S p a n n e r in kleinen Häufchen im Juli/August. Wie wichtig also eine Spritzung von unten nach oben in den Strauch sein kann, wird hier deutlich.

Meist entdeckt man den Befall erst am Fraßschaden der Blätter. Die Raupe des Spanners frißt Löcher in die Blätter, läßt sich dann mit diesen zu Boden fallen, wo sie einzeln und in Gruppen in zusammengesponnenen Blättern überwintert. Im Frühjahr wandert sie dann auf die Sträucher, um sich am jungen Grün gütlich zu tun. Bei Massenbefall ist Kahlfraß die Folge. Im Juni verpuppen sich die Spannerraupen in lockeren Gespinsten an Sträuchern und in Schlupfwinkeln.

Die Larven der B l a t t w e s p e n erscheinen im Mai und fressen das Blattwerk bis auf den Stiel ab, sogar unreife Stachelbeeren werden angefressen. Ist die Larve voll entwikkelt, dann läßt sie sich zu Boden fallen, spinnt sich ein, verpuppt sich, und nach 2 bis 3 Wochen fliegt die Wespe aus. Die letzten Generationen wühlen sich in die Erde ein und überwintern im Gespinst. Wie notwendig eine Bodenspritzung zur Bekämpfung der Brut ist, wird hier wiederum klar.

Sobald man also während der Kulturzeit einen oben aufgezeigten Fraßschaden am Blattwerk der Sträucher bemerkt, muß man bei geringem Befall die Schädlinge absuchen und vernichten.

Ist aber der Befall stärker, so kann man das Inkrustierverfahren anwenden durch Bestäubung der Sträucher. Frühmorgens wird das ganze Blattwerk der einzelnen Sträucher mit **Algomin** oder noch besser mit **Thomasmehl** überstäubt. Danach schüttelt man die Zweige kräftig, so daß die Raupen, Larven und auch Blattläuse herunterfallen. Man kann vor dieser Maßnahme ein großes Stück Papier unter den Strauch legen, um den ganzen Abfall auffangen und gleich vernichten zu können. Im Herbst müssen die Blätter befallener Sträucher zusammengeharkt und verbrannt werden. Danach wird der Boden gründlich mit starkem **Rainfarntee** gespritzt und der Teesatz als Mulch um den Strauch gelegt. (Stärke des Tees siehe Spritzverzeichnis Seite 114.)

Gehalte und Verwendung

Der Gehalt der Stachelbeere an Fruchtsäuren (Zitronen=, Wein= und Apfelsäure; in unreifen Früchten auch Bernsteinsäure) ent=spricht jenem der roten Johannisbeere; bei einem Dextrose=gehalt von 6 bis 8 Prozent. Ist die Johannisbeere reicher an Vitamin A, so hat doch die Stachelbeere weit mehr Vitamin B. Ihr Vitamin=C=Gehalt, etwas mehr als jener der roten Johannis=beere, ist vor der Vollreife am höchsten. Man gibt ihn an mit 20 bis 70 mg %.

So wird die Stachelbeere, besonders in ihrer Rohkost, nicht nur zu einer gesunden, angenehmen Vor= und Nachspeise, sondern auch in ihren Preßsäften, mit Honig verrührt, geradezu zu einem Heilmittel für schwache Nerven, Blutarmut, Drüsenleiden, ja selbst für Gichtkranke.

Himbeere

Rubus idaeus

Die artenreiche Gattung „Rubus" ist in der gemäßigten Zone der nördlichen Erdhälfte in bedeutender Verbreitung beheimatet. Die für uns in Betracht kommende Himbeere – nach ihrer Untergattung „Rubus idaeobatus" – ist im Idagebirge auf Kreta zu Hause, was ihr auch den Namen „idaeus" gegeben hat. Die Himbeere ist eine unserer ältesten Arzneipflanzen. Aus Ablagerungen in der Nähe von Pfahlbausiedlungen entnahm man – mit Sicherheit erkennbar – Himbeersamen, der über 3000 Jahre alt war (vgl. Dr. Winkelmann, Wirkstoffe unserer Heilpflanzen).

In Wäldern und Gebüschen, am Waldrand und in Lichtungen ist sie zu finden; schon früh wurde sie in die Gärten gepflanzt. Doch gedieh sie immer dort am besten, wo man ihrer heimischen Eigenart gerecht wurde.

Standort und Boden

Als Kinder des Waldes gehören die Himbeeren zum Unterholz, das selten in voller Sonne steht, vor allem nie in kahlem, unbewachsenem Boden. Zwar tragen unsere Kultursorten in voller Sonne besser ausgebildete und aromareichere Früchte als solche Pflanzen, die im Halbschatten stehen; doch verträgt die Pflanze als solche Hitze und Trockenheit sehr schlecht.

Bei hohem Grundwasser – nicht in stauender Nässe – in lockerem, tiefgründigem, möglichst lehmhaltigem Boden, im Halbschatten der Bäume gedeiht sie gut. Doch räubert sie das Erdreich ringsum aus und muß deshalb von Obstgehölzen mindestens drei Meter entfernt stehen.

Am zweckmäßigsten nutzt man die Himbeeranlage für den Gesamtgarten, wenn man sie längs eines Zaunes als Hecke pflanzt; dort schützt sie gegen Wind und Durchsicht. Allerdings darf

auch sie — als Waldrandgewächs — nicht zu starken Winden ausgesetzt sein.
Innerhalb eines Gemüsegartens kann auch eine Himbeerreihe den empfindlicheren Zwischenkulturen (z. B. Gurken, Blumen=kohl, Frühkartoffeln, Bohnen usw.) Windschutz bieten; wäh=rend andererseits die Himbeersträucher aus der bei entspre=chender Düngung geförderten Bodengare der Nachbarpflanze Nutzen ziehen.
Auch an einem Nordhang mit Halbschatten gedeiht die Him=beere noch gut. Selbst eine unbrauchbare Hofecke, wenn sie nur gute Boden=, Licht= und Luftverhältnisse bietet, kann durch Himbeersträucher noch nutzbringend verschönert werden.

Sorten

Die altbekannte, ertragreichste Sorte, die sich mit ihrer Höhe von 2 bis 3 Metern besonders als Gartenrandpflanzung gut bewährt hat, ist die Himbeere
„Preußen": Sie bringt große, feste Beeren von ausgezeichnetem Geschmack; für Rohkost, Saftbereitung und zum Einmachen sehr gut geeignet. In bezug auf Standort ist sie anpassungs=fähig. Doch darf sie nicht zu alt werden. Im 2. bis 5. Jahr liegen ihre Höchstleistungen. Je nach Standort muß die Pflan=zung nach 8 bis 10 Jahren erneuert werden, denn sie ist für die Himbeerrutenkrankheit stark anfällig.
Die Sorte **„Deutschland"** ist widerstandsfähiger als „Preußen", aus der sie entstanden ist. Sie neigt aber dafür eher zur Frost=empfindlichkeit. Die Reife der Früchte setzt einige Tage später ein; und die Wurzeltriebbildung ist schwächer als jene der Sorte „Preußen".
„Malling Promise" ist wenig anfällig gegen Rutenkrankheit. In feuchteren Lagen bringt sie hohe Erträge. Sie reift im Juli.
Eine Neuheit, die bis jetzt als unerreicht in Größe und Ernte=reichtum gilt, ist die aus der Macherauch=Gartenzucht entwik=kelte **„Malling Exploit Auslese"**.

„Kelleriis Nr. 5", eine dänische Sorte, wird besonders für Klein=gärten empfohlen.
„Nordmark" trägt zweimal im Jahr. Doch die zweite Ernte im Frühherbst ist schwächer als die Sommerernte.
Für Süddeutschland eignet sich insbesondere
„Winklers Sämling". Ihre Ruten neigen nicht zum Aufspringen und sind daher weniger anfällig für die Rutenkrankheit. Sie reift zu gleicher Zeit wie die Sorte „Preußen", wächst aber niedriger als jene.
Ein altbewährte Sorte unserer Gärten ist auch die **„Shaffer's Colossal=Himbeere"**, die immer wieder Liebhaber findet. Ihre mittelgroßen, leuchtend roten Früchte sind von außerordentlich köstlichem Geschmack und eignen sich darum vor allem zur Saftbereitung. Die Pflanze ist anspruchslos, gedeiht auf jedem Boden und bleibt frei von Rutenkrankheit. Ihre natürliche Wuchskraft bedarf keiner besonderen Düngung, ja starker Dung würde sie nur in die Höhe treiben auf Kosten der Frucht=barkeit. Diese Sorte treibt keine Ausläufer, und so ist die Vermehrung der Stöcke nicht ganz einfach; andererseits aber verwildert sie darum auch nie, und es genügt ihr ein Pflanzen=abstand von 40 cm.
Erwähnt werden muß noch die für den Kleingarten noch am besten geeignete und beliebte Sorte
„Romy". Im Gegensatz zu den anderen Sorten fruchtet sie schon an den sich im selben Jahr entwickelnden Trieben. Des=halb kann sie im Winter auch restlos heruntergeschnitten werden, was die gefürchtete Rutenkrankheit verhindert. Sie braucht keinen Pfahl und keine Drähte, weil die stark nach=kommenden Ruten die tragenden Ruten stützen. Ihre Höhe beträgt nicht mehr als 0,80 bis 1,20 Meter. Von Juli bis in den späten Herbst hinein kann man an „Romy" Ernte halten; vor allem in wärmeren Gegenden ist sie die „immertragende" Sorte, wenn man die vorjährigen Triebe stehenläßt. Es empfiehlt sich jedoch, zugunsten der einjährigen Triebe die abgetragenen Ruten nach der Ernte im Herbst direkt am Boden wegzuschnei=

den. Im Frühjahr wachsen neue in reicher Zahl. Schneidet man die vorjährigen Ruten, dann sind auch für „Romy" Stützdrähte nötig.
Für den Bienenzüchter ist diese immerblühende Sorte ein wahres Bienenparadies bis in den Frost hinein.
Große, dunkelrote, wohlschmeckende Beeren können bei gün=stigem Wetter bis in den Dezember hinein geerntet werden; was nicht mehr ausreift, wird von den Vögeln geholt.
Daß eine solche ununterbrochen tragende Sorte guten, ja be=sten Boden braucht, ist verständlich. Doch vor allem wünscht die „Romy" einen stets gemulchten Boden; nie darf er offen daliegen. Über die Bodenkultur weiter unten.

Pflanzung

Die Erfahrung hat erwiesen, daß Neupflanzung von Himbeeren wegen der besseren Wurzelbildung günstiger im Frühjahr als im Herbst geschieht. Ist aber eine Herbstpflanzung vorgesehen, so sollte sie nicht später als im Oktober erfolgen. Himbeeren wie auch Brombeeren müssen in diesem Fall über Winter eine Schutzdecke erhalten durch Anhäufeln von Erde oder Ab=decken der Pflanzstelle mit strohigem Mistkompost. Auch empfiehlt es sich, den Rutenschnitt erst im zeitigen Frühjahr zu machen.
Das Pflanzloch wird wie bei den anderen Sträuchern vorher ausgehoben und bereitet (siehe Seite 30), es sollte nicht tiefer sein, als der entsprechend beschnittene Wurzelballen es braucht. Zu tiefes Pflanzen ist nachteilig für das Anwachsen und er=schwert gerade bei Himbeeren und Brombeeren, die ja nicht so willig Wurzeln aus den oberirdischen Trieben bilden, den Durchbruch von Wurzelschößlingen.
Die Himbeeren, die am besten in Reihen mit Nord=Süd=Rich=tung gepflanzt werden, bekommen im allgemeinen einen **Pflanzenabstand** von 40 bis 60 cm; bei mehreren Reihen wird der Reihenabstand, je nach der Triebkraft der Sorte, 1,20 bis

1,60 Meter genommen. Man spannt vorteilhaft — an zwei star= ken Eckpfählen befestigt — Doppeldrähte, durch die man die Ruten steckt. Ein Anbinden erübrigt sich in den meisten Fällen. Beim Himbeerspalier, das hochgezogen wird, müßten drei sol= cher Doppeldrähte vorhanden sein. Eine nichtrankende Sorte braucht nur einen Doppeldraht.
Man pflanzt Himbeeren auch vorteilhaft auf Erdwällen (siehe Andrä, Hügelkultur!). Auf 1 Meter Erdwall kommen drei Pflan= zen mit einem Abstand der Erdwälle von ca. 1,50 Meter. Doch hat eine niedrigere Sorte in diesem Fall arbeitstechnische Vor= züge. An den Abhängen der Wälle lassen sich Küchen= und Arzneikräuter, auch Salate mit gutem Nutzen für beide Teile pflanzen. Diese Unterkultur schützt nicht nur den Boden für die Himbeeranlage, sondern die Pflanzen bereichern sich auch ge= genseitig in Geschmack und Aroma.

Die aus guter Baumschule bezogenen Neupflanzen erhalten vor der Auspflanzung je nach Notwendigkeit den Wurzelschnitt, er bezweckt die Entfernung gebrochener oder auf andere Weise beschädigter Wurzelteile. Danach wird der Wurzelballen in einen mit Kuhdung und Schachtelhalmtee bereiteten Lehmbrei getaucht (Lehmbrei als Heilmittel, siehe „Dies und Das“, Seite 22 ff.) und wird sogleich ins Pflanzloch gesetzt. Nach der Pflanzung werden die Ruten festgetreten und je nach Boden= feuchtigkeit eingeschlämmt. Dann braucht die Himbeeranlage keine Bewässerung mehr, vorausgesetzt, daß der Boden sofort gründlich und auf die Dauer gemulcht wird. Nach der Pflan= zung — bei Herbstpflanzung erst im zeitigen Frühjahr! — wer= den die Ruten auf 4 bis 5 Augen zurückgeschnitten, damit das Gleichgewicht zur Wurzel hergestellt und der Antrieb gefördert wird.
Schon im ersten Jahr muß eine kräftige Triebbildung aus der Wurzel erfolgen, denn diese neu gebildeten Triebe erhalten die Pflanze im nächsten Jahr. Es kommt trotzdem vor, daß neu= gepflanzte Himbeeren und Brombeeren im Sommer keine Bo=

dentriebe bilden und die gekürzten Ruten das Laub verlieren. Man darf trotzdem diese Pflanze nicht herausreißen und aufgeben, denn meist haben sich inzwischen Triebknospen an der Wurzel gebildet, die dann im folgenden Jahr kräftig austreiben.

Die Vermehrung der Himbeeren aus eigenem Bestand ist höchst einfach. Nach der Ernte im August/September sticht man mit dem Spaten von den vielen neuen Ausläufern, die sich im letzten Jahr gebildet haben, kräftige Ruten heraus, mit möglichst viel Wurzelwerk versehen. In ein breites Pflanzloch wird diese Wurzel mit ihrem Erdballen eingesetzt ohne jeden Schnitt an Wurzel und grünender Rute. Auch hier wird sofort nach dem Festtreten und Bewässern der Boden bedeckt. Eine solche Vermehrung läßt sich auch im Frühjahr vornehmen.

Bodenpflege

Eine Bodenbearbeitung kann bei der Himbeere wegfallen, ja der Wegfall begünstigt die Kultur, wenn die richtige biologische Grundlage geschaffen ist. Dicht unter der Bodenoberfläche verzweigt sich weitschweifig und flach ein Teil der Wurzeln der Pflanze, die auch bei leichtester Kultivierung verletzt werden können. Darum ist Waldbodenbeschaffenheit der Himbeerpflanze am dienlichsten. Da sie aus gleichem Grund auch leicht sauren Boden verträgt, deckt man nach einer ausreichenden Kompostdüngung eine ca. 10 cm hohe Schicht Tannennadelkompost darüber, der aus Laub und abgelagerten Nadeln mit „Humofix" bereitet wurde. Wo es ermöglicht werden kann, sollte dem unteren Pflanzenkompost kompostierter Schweinedung beigefügt werden; für das im Schweinemist in organischer Form vorhandene Kali ist die Himbeere besonders empfänglich. Der Mangel an Stalldung kann in etwa auch durch eine Einstreu von Horn- und Knochenmehl ergänzt werden. Der Kompost selber, der als Flachdung gegeben wird — d. h. nicht in den Boden eingearbeitet —, braucht nicht ganz vererdet zu sein,

die Pflanze wird auch mit etwas gröberem Material fertig. Diese Düngung geschieht im Frühherbst nach der Säuberung der Stöcke.
Als sehr gut hat sich auch die Einsaat von Winterwicken er=wiesen (Aussaat August/September). Schlägt die Wicke nach dem Abfrieren im Frühjahr wieder aus, so kann sie später vor der Blüte geschnitten und als Mulch liegengelassen werden. Wo jedes Mulchmaterial fehlt, kann man auch mit Torfmull (nicht Düngetorf) den Boden bedecken, denn nackter, offener Boden ist die Schädigung jeder Himbeerkultur.
Auch Unterkulturen, vor allem Buschbohnen oder Erbsen, eignen sich ausgezeichnet für eine mit Erde angehäufelte Him=beerreihe. Sie bereichern den Boden mit Stickstoff, und ihr Stroh gibt eine vortreffliche Winterdecke.

Schnitt

Vom Pflanzschnitt war bereits auf Seite 76 die Rede. Der **Jahres=schnitt** und die Säuberung der Himbeerstöcke erfolgt am besten sofort nach der Ernte. Die Himbeerruten sind zweijährig. Im ersten Jahr sprossen sie aus dem Boden und wachsen empor; im zweiten tragen sie Frucht (mit Ausnahme der am einjährigen Holz tragenden Sorte „Romy", siehe Seite 74). Danach sterben die Ruten ab. Diese abgetragenen Ruten müssen jährlich ent=fernt und wegen der Gefahr der Rutenkrankheit sofort ver=brannt werden. Nur so kann man eine Himbeeranlage gesund und fruchtbar erhalten. Dicht am Boden, ja vorteilhafter unter=halb der Erdoberfläche, werden diese abgetragenen Ruten weg=geschnitten. Etwaige stehengebliebene Stümpfe werden mit Erde bedeckt. So ist dem Auftreten der Rutenkrankheit am besten vorgebeugt.
Auch die einjährigen Ruten werden ausgelichtet. Im ersten Pflanzjahr behält der Stock nur die 2 bis 3 stärksten Ruten, später 5 bis 7 starke. Zur besseren Fruchtentwicklung werden die Spitzen leicht wie Spazierstöcke heruntergebunden oder

abwärts zwischen die Doppeldrähte gesteckt. Nur wenn die Ruten von ungewöhnlicher Länge sind, werden sie in der Höhe etwas zurückgeschnitten, damit die im mittleren Rutenteil sitzenden kräftigen Knospen zu vollem Durchtrieb kommen. Sollten aber die Triebspitzen bei späterer Durchsicht zurückgefroren sein oder wie es bei zweimal tragenden Sorten (siehe Seite 74 „Nordmark"!) vorkommen kann, an den Triebspitzen noch fruchten, dann ist ein Rückschnitt unvermeidlich.
Ruten, die zur Blütezeit plötzlich absterben, müssen sofort herausgeschnitten und verbrannt werden.
Innerhalb der Kulturzeit ist es angeraten, überflüssige Bodenaustriebe, die nicht zur Vermehrung gebraucht werden, herauszustechen, damit die Mutterpflanze nicht übermäßig belastet wird.

Schädlinge und Krankheiten

Die bereits wiederholt genannte Himbeer r u t e n k r a n k h e i t (Didymella applanata) macht viel von sich reden. Bei einer gut biologischen Gartenwirtschaft kann sie kaum hochkommen. Die Himbeere als Waldgewächs verlangt, mehr als irgendein anderes Kulturgewächs, die ihr arteigene Bodenbeschaffenheit: Humus und bedeckten Boden! Unbedeckter Boden, Kalküberschuß — sie will schwachsauren Boden! —, starke Stickstoffgaben sind die besten Voraussetzungen für ihre Erkrankung. Alles, was sich an Laub, Stroh, Heu oder Gras- und Unkrautschnitt im Garten ansammelt, kann als Bodenbedeckung für diese Beerenkultur verwandt werden; zumal die oben genannte Leguminoseneinsaat sie gesund hält.
Das **Anhäufeln von Erde,** Vorknospenspritzung mit **Schachtelhalm-** und **Brennesseltee** im Gemisch, mit **Lehmwasser** als Haftmittel, nach der Ernte regelmäßiger, gründlicher Schnitt und eine Algenmehldüngung im Herbst, alle diese Maßnahmen können selbst absterbende Himbeerkulturen wieder zu neuem Leben verhelfen. Alle anderen (chemischen) Mittel, wie z. B.

Kupferspritzungen, haben nur relativen Wert bei dieser ganz auf die natürlichen Lebensbedingungen eingestellten kultivierten Wildpflanze.

Der Befall der Rutenkrankheit wird an den grauweißlichen Flecken erkannt, die sich vom Boden her an den Trieben bilden. Später färben sich diese Flecken bläulichbraun und fließen zusammen. Im Juni/Juli bilden sich an den Jahrestrieben dicht unter den Knospen die gleichen Schadstellen, ohne daß zunächst eine Rindenverletzung zu erkennen ist. Die Flecken vergrößern sich und umfassen oft den ganzen Trieb; die Rinde platzt auf und löst sich. Dieserart befallene Ruten sterben plötzlich ab oder treiben nur schwach. Sie müssen sofort tief am Boden herausgeschnitten und verbrannt werden.

Man glaubt, daß physiologische Störungen mit gleichzeitig vorhandenen Parasiten die gefürchtete Krankheit begünstigen. Um so dringlicher muß auf die genannten biologischen Vorbeugungsmaßnahmen hingewiesen werden.

Auch die Himbeergallmücke (Lasioptera rubi) hat man für die Rutenkrankheit verantwortlich gemacht, da sie ihre Eier Anfang Mai in die Risse der Himbeerruten legt. Danach bilden sich bräunliche Flecken an den Trieben. Die durch diese Eiablage geschädigte Pflanze ist für die Pilzerkrankung anfällig geworden. Die Larve der Gallmücke, die nach zwei bis drei Wochen aus dem Ei schlüpft, läßt sich zu Boden fallen, um sich zu verpuppen. In der ersten Juliwoche erfolgt die zweite Eiablage und Anfang August eine dritte. Diese Zeiten muß man sich merken. Zur Bekämpfung dieses Schädlings wird das Begießen oder Bespritzen der ganzen Bodenfläche der Himbeerkultur einschließlich ihrer Nachbarschaft empfohlen. Als naturgemäßes Mittel raten wir aus Erfahrung zu einer Bodenspritzung mit starkem **Rainfarntee** oder auch mit einem Pyrethrumpräparat.

In diesem Falle, der Gallmückenplage nämlich, oder auch der

Himbeer g a l l w e s p e , die in ähnlicher Form den Ruten zum Schaden wird, ist von einer Unterkultur der Himbeerpflanzung abzusehen, weil dann die Durchsonnung und Durchlüftung von Boden und Stöcken unbedingte Notwendigkeit ist.

Die Himbeer k ä f e r (Byturus fumatus und =tomentosus) in bräunlich=schwärzlicher Farbe, mit hartem Rücken, sind die schlimmsten tierischen Schädlinge für den Fruchtertrag. Die Käfer selbst fressen das Innere der Blütenknospe aus, benagen auch den Fruchtboden oder beißen die Stiele eben in der Ent=wicklung begriffener Blütenknospen an. Die Weibchen legen die Eier an noch nicht beschädigte Früchte, und es entwickelt sich die sogenannte Himbeer m a d e , die am Fruchtboden und an den einzelnen Teilfrüchten frißt. Die Verpuppung der M a d e erfolgt in der Erde oder in den Schlupfwinkeln der Stützpfähle. Schon aus diesem Grund sollte man nur Eckstützen aus Eisen oder Zement benutzen und an den oben genannten Doppeldrähten die Ranken hochziehen, nicht aber an einzelnen Holzpfählen.

Sobald man auch nur einen dieser Schädlinge gewahr wird, sollte man alle Blüten absuchen. Das einfachste Mittel ist das Abklopfen der Käfer v o r Beginn der Blüte in den frühen Morgenstunden. Sie fallen dann in ein untergehaltenes Gefäß, das mit Petroleum oder Tabakslauge gefüllt ist, wodurch die Schädlinge sofort getötet werden.

Vor allem gilt es aber auch, eine gründliche Winterspritzung mit starkem **Rainfarntee** von Strauch und **Boden** vorzunehmen. Im zeitigen Frühjahr ergänzt diese Maßnahme ein Anstrich der Ruten und Pfähle mit Lehmbrei, der mit dem gleichen Tee an=gerührt wurde. Auf diese Weise wird nicht nur die Larve des Himbeerkäfers, sondern auch die Gallmücke getroffen. Wie bei Johannis= und Stachelbeeren läßt sich das mit einem Handfeger sehr leicht machen, wenn die Kulturen nicht gar zu ausgedehnt sind.

Ausreichende Bodenfeuchtigkeit, wie sie durch gutes Mulchen

immer erhalten bleibt, verhütet auch zur Zeit der Blüten- und Fruchtentwicklung den ärgsten Schaden, denn ausgetrockneter Boden begünstigt die Entwicklung der Schädlinge.

Das gleiche gilt auch für die Entwicklung der Maikäferlarve, den Engerling. Wie Erdbeeren (siehe Seite 18), so werden auch Himbeerbeete mit Vorliebe von Maikäfern zur Eiablage aufgesucht. Der Schaden kann in den Jahren der Entwicklung des Käfers erheblich sein. Jedoch ist auch hier wieder die naturgemäße Arbeitsweise mit ihrem lockeren Boden und der Dauerbedeckung die beste Voraussetzung für einen ungeschädigten Garten. Denn nur dort ist Eiablage des Maikäfers zu befürchten, wo der Boden fest und trocken geworden ist. Lockerer Boden wird vom Maikäfer gemieden.

Himbeeren und Brombeeren werden zur Reifezeit gern von Beerenwanzen (Dolycoris baccarum) aufgesucht, die den Geschmack der Früchte vollkommen verderben, weil sie den unverkennbaren Wanzengeschmack hervorrufen. Die Qualität einer ganzen Ernte kann dadurch verlorengehen. Mitunter treten diese ekligen Schädlinge auch an jungen Trieben und Blättern stark auf. Auch hier hilft nur Abklopfen der sehr beweglichen Tiere in der Morgenstunde. Tabakslauge oder Petroleum in einem untergehaltenen Gefäß tötet sie ab. Die jungen Triebe kann man oft schon durch einen scharfen Wasserstrahl reinigen; im Notfall kann eine Bestäubung der Triebe mit Pyrethrum die Schädlinge treffen.

Gehalte und Verwendung

Wie bereits eingangs erwähnt, gehört die Himbeere zu unseren ältesten Arzneipflanzen. Von dieser Seite her erklärt sich auch der größte Nutzen ihres Anbaues. In frischem wie in getrocknetem Zustand lassen sich die Beeren zu Saft bereiten, der in Farbe und Aroma kaum seinesgleichen hat. Nicht nur zur

Erfrischung bei Fieber und hitzigen Krankheiten, sondern auch als Stärkungsmittel für schwache und alte Leute und als Zu= satznahrung für Säuglinge und Kleinkinder ist der Rohsaft der Himbeere allgemein beliebt.
Die Beeren enthalten nach Angaben von Dr. med. Geßner, „Gift= und Arzneipflanzen von Mitteleuropa", allein 7 Prozent Zucker und reichliche organische Säuren, vor allem die so wert= volle Zitronensäure. Der Gehalt an Vitamin C entspricht dem des Vitamin A. Auch Vitamin B ist, wenn auch in geringeren Mengen, ebenfalls enthalten. Der Same, der beim Genuß der Früchte mitgenossen wird, enthält 24 Prozent fettes Öl.
Vor allem ist das Blatt der Himbeerpflanze reich an Vitamin C. Von Mai bis September kann man Blatternte halten, doch immer nur in kleinen Mengen, denn zum Fruchten und Ge= deihen braucht die Pflanze ihre Blätter.
Von getrockneten Blättern, gemischt mit Brombeer= und Erd= beerblättern, kann man einen vorzüglichen Tischtee bereiten, dessen Aroma durch etwas Waldmeister noch erhöht wird.
Ein Aufguß von Himbeerblättern ist ein ausgezeichnetes Bade= wasser für Geschwüre und schlecht heilende Wunden. Teeauf= schläge wirken erfolgreich gegen Flechten und Hautausschlag und zur Heilung entzündeter Augen.
Als Gerbstoffdroge wirkt Himbeere gegen Magen= und Darm= blutung und ist vor allem gegen Durchfall ein schnell erreich= bares Hausmittel.

Die Angaben alter Arzneibücher decken sich mit jenen der neueren Forschung; und der Wert der Himbeere, aber auch der Brombeere, sollte nicht vergessen werden in unserer Zeit. Selbst das abfallende Laub der Himbeerpflanze ist für den Garten= boden noch von größter Wichtigkeit. Es enthält von allen Obst= gehölzen den höchsten Stickstoffgehalt von 1,35 Prozent und sollte darum der eigenen Kultur zurückgegeben werden als Winterdecke für den Boden, was der Natur dieser Waldrand= pflanze nur entspricht.

Der Kaligehalt der trockenen Blätter beträgt 0,63 Prozent und würde dem Kalibedürfnis der Himbeere gut zustatten kommen. An Phosphorsäure hat Himbeerlaub 0,27 Prozent.
Aus diesen Feststellungen ersieht man, wie wertvoll es sein kann, der Pflanze durch Mulch zurückzugeben, was sie selber abwirft als eigene Gabe an den Boden.

Brombeere

Rubus fruticosus

Die Himbeere und die Brombeere haben vieles miteinander gemeinsam, gehören sie doch beide zu der artenreichen Gattung „Rubus".
Beide sind am Waldrand, in Waldlichtungen, an Hängen und Wegrainen zu finden. Gemeinsam können sie auf eine mehr als 3000jährige Vergangenheit als Arzneipflanze zurückschauen. Von den antiken Weisen der Griechen und Römer haben wir über die Brombeere Aussagen, deren Bestätigung wir heute bei ihrer Anwendung als Heilmittel selber erfahren (vgl. Winkelmann, Wirkstoffe unserer Heilpflanzen, 1951; L. Kroeber, Das neuzeitliche Kräuterbuch, 1934).
„Eine Welt von Sagen und Legenden schlingt sich um den alten Brombeerstrauch", der wohl „der Weitschweifigkeit seiner Wurzeln und Sprossen seinen Namen verdankt". Nach Ansicht der Gelehrten soll er aus der Sprachwurzel des altindischen „bhram" – umherschweifen – entstanden sein (vgl. Kroeber).

Während die Himbeere schon früh ihren Einzug in den Garten hielt, hat die Brombeere eben wegen jener „Wildheit" ihres Wachstums gerade in Deutschland erst um die Wende des letzten Jahrhunderts Zugang zu ihm gefunden.
Die ersten Kulturformen kamen zu uns aus Amerika, wo man schon früher den Wildling zu kultivieren versucht hatte. Doch

haben sich die importierten Sorten bei uns nicht recht durch=gesetzt.
Das beste Ergebnis heimischer Arbeit ist die nach ihrem Züch=ter benannte deutsche Sorte „Theodor Reimers". Er versuchte aus einheimischer Wildform, ohne Rückgriff auf die amerikani=schen Sorten, eine Edelbrombeere zu kultivieren, die bis heute die ertragreichste Sorte geblieben ist.

Sorten

„Theodor Reimers". Diese stark rankende Sorte deutscher Her=kunft hat sich bereits die ganze Welt erobert, wenn auch oft unter anderem Namen und in verschiedenen Kreuzungen. Selbst in den obstarmen Gegenden ist sie eine wahre Wohltat; auch in den nördlichen Ländern gedeiht sie noch gut. Wegen ihrer großen Genügsamkeit wird sie auch **„Sandbeere"** genannt, die selbst auf sandigen Böden noch reiche Ernten bringt. Die schönsten Blüten= und Fruchtstände entwickelt sie immer an der vollen Sonnenseite.
Der Strauch bildet nach wenigen Jahren 3 bis 5 Meter lange, starke Ranken, mit zahlreichen Stacheln versehen. Darum eignet er sich vorzüglich für Obst**hecken.** Menschen und Tiere können eine solche Brombeerhecke nicht durchdringen. Der Ertrag, auch als Gartenzaun, ist enorm. Schneller Wuchs, billiges Material, reiche Ernten und Undurchdringlichkeit des Strauches machen diese Brombeere daher als Abgrenzung wie geschaffen. Auch als Schutzpflanzung für Böschungen und bergiges Gelände eignet sie sich vorzüglich. Zwanzig bis dreißig Jahre lang kann eine gut gehaltene Anlage ertragreich bleiben.
Doch kommt es vor, besonders in strengem Winter, daß die Ruten zurückfrieren. Da aber die Wurzel frosthart ist, bilden sich an den abgefrorenen Sträuchern bald neue kräftige Triebe, die jedoch im gleichen Jahr noch keine Frucht bringen. Wo es möglich ist, wäre eine leichte Schutzdecke bei mehr als minus 10 Grad angebracht.

Von August bis Oktober trägt diese deutsche Sorte große, lackschwarze, saftige Beeren, reich an Zucker und organischen Säuren.
Von den aufrecht wachsenden Sorten ist
„Wilsons Frühe", amerikanischer Herkunft, die wertvollste, von guter Ertragsleistung und Frostwiderstandsfähigkeit. In guten, nährstoffreichen Böden wachsen ihre Ruten von 1,50 bis 2 Meter straff aufrecht. Sie lassen sich gut an sonnigen Hauswänden an einem Spalier hochziehen. Von Juli bis September schmücken dann die tiefschwarzen, walzenförmigen Früchte Haus und Garten. Zur Reifezeit ist „Wilsons Frühe" besonders dankbar für gute Humusdüngung und Bewässerung; beides läßt sich durch eine ca. 10 cm hohe Mulchschicht ohne weiteres erreichen.
In den letzten Jahren wurden auch Brombeersträucher gezüchtet, die vor allem wegen ihrer Blüte als Gartenzier verwendet werden:
„Rubus lasiostylus", ein breitwüchsiger Blütenstrauch.
„Rubus odoratus", aus Nordamerika, mit großblättrigen Ausläufern. Die 4 bis 5 cm großen, duftenden, rosaroten Blüten erscheinen von Juni bis August. Die leicht überhängenden Triebe sind ohne Stachel und können auch als Hausspalier hochgezogen werden.
Für die Zierarten der Brombeere empfehlen sich halbschattige Standorte, doch vertragen sie auch Vollsonne. An den Boden stellen sie keine großen Ansprüche. Jeder gute Gartenboden genügt ihnen.

Standort und Boden

Die Brombeere stellt keine besonderen Ansprüche an den Boden. Auf jedem genügend feuchten Boden gedeiht sie. Wie alles Beerenobst liebt sie jedoch einen mehr lehmigen Grund, der Feuchtigkeit hält, tiefgründig und locker ist. Im festen Boden muß erst eine gründliche Lockerung vorgenommen werden, was durch eine Bodenvorbereitung mit Lupineneinsaat vortrefflich gelingt (Aussaat von Lupinen Frühjahr bis Herbst). Die Brombeere ist, wie auch die Himbeere, Flach= und Tief= wurzler. Während ein Teil der Wurzeln über 1 Meter tief in den Boden vorstößt, wachsen andere nur 10 bis 20 cm unter der Oberfläche.

Himbeeren und Brombeeren greifen weit in das benachbarte Land und nutzen den Boden gut aus.

Da gerade die Brombeere ein Kind der Sonne ist, lohnt sich eine Pflanzung dort nicht, wohin nur spärliche Sonne einstrah= len kann. Trotzdem ist auch diesem Waldrandgewächs eine leichte Beschattung durch Baum und Gebüsch nützlich.

Die **rankende Sorte** grenzt den Garten ab, sie ist überaus ge= nügsam. Doch wird auch sie eine gelegentliche Kompostgabe und Bodenspritzungen mit Kräutertee mit größerer Fruchtbar= keit danken.

Die **nichtrankende Sorte** kann mehr innerhalb des Gartens zur Aufteilung und als Windschutz gepflanzt werden. Dort steht ihr auch die gute Gartenerde zur Verfügung, an die sie einige Ansprüche stellt. Gemischt mit etwas lehmiger Erde, muß sie jährlich eine reichliche Kompostgabe bekommen, der im zei= tigen Frühjahr etwas Knochenmehl beigegeben werden sollte. Beiden Arten sollte nie die Bodenbedeckung fehlen, die Feuch= tigkeit hält und Lockerung des Bodens sichert und vor allem im Winter gegen Frost schützt. Anstatt der Bodenbedeckung durch Mulchen kann man auch eine Grüneinsaat machen, denn gerade unter Hecken und Spalieren verunkrautet der Boden stark, was durch eine zweckmäßige Einsaat verhindert wird. (Grüneinsaaten: siehe Anhang!)

Pflanzung

Die Brombeere will tief stehen. Das muß beim Ausheben der Pflanzlöcher berücksichtigt werden. Man hebt sie, wie bei der Himbeere, vorher aus – doch auch hier nicht tiefer, als der

Wurzelballen es braucht – und bereitet sie mit vererdetem Kompost vor. Man kann zwar im Herbst pflanzen unter den gleichen Bedingungen der Schutzdecke für den Winter, wie bei der Himbeere angegeben (siehe Seite 75). Günstiger jedoch ist eine Frühjahrspflanzung, Anfang März bis Mitte April. Brombeeren tragen erst im Jahr n a c h der Pflanzung an den sich bildenden Neutrieben.

Zur Sicherung des guten Anwachsens empfiehlt sich vor dem Einsetzen ein gründliches Wurzeleinschlemmen mit Lehmbrei. Der Wurzelschnitt wird je nach Notwendigkeit – wie bei der Himbeere angegeben – vorgenommen. Nach dem Einsetzen wird die Erde fest angetreten und das Ganze je nach Bodenfeuchtigkeit bewässert. Wie beim übrigen Beerenobst bekommt dann der Pflanzboden eine gute Bedeckung.

Auch bei der Brombeere wird, wie bei der Himbeere, der Rutenschnitt erst im Frühjahr, n i e bei einer Herbstpflanzung, vorgenommen. Bei kräftiger Bewurzelung kann der Rückschnitt bis auf 20 cm über dem Boden, bei schwächerer auf ca. 40 cm erfolgen. Die Ruten müssen beschnitten sein, ehe die Knospen schwellen, nicht später als Ende März, im Notfall schon im Einschlag.

Die **rankende Sorte** wird als H e c k e einen guten Meter vom Gartenzaun entfernt, auf schlechterem Boden in 2 bis 3 Meter Abstand, auf gutem Boden in 3 bis 4 Meter Abstand gesetzt. Bei freistehenden S p a l i e r e n werden an starken Eckpfosten, die je nach der Länge des Spaliers Zwischenstützen bekommen, einfache Drähte gespannt in 50, 100 und 150 cm Höhenabstand. Mit einem langstieligen Gartengerät legt man später die mit reichlichen Stacheln versehenen Tragruten in Bogenform über diese Drähte.

Die **aufrecht wachsende Sorte** eignet sich besser für ein Hauswandspalier und wird auf 1 bis 1,50 m Abstand gepflanzt. Man fügt Eisenstützen in die Wand, an denen drei einfache Drähte im Höhenabstand von ca. 30 bis 40 cm angebracht werden.

Die Spaliervorrichtungen, sowohl an der Hauswand als auch an freistehenden Gerüsten, machen sich auf Jahrzehnte im Garten bezahlt, da man an ihnen nicht nur jedes Beerenobst, sondern auch Weinreben und Pfirsiche hochziehen kann.
Die **Vermehrung** der Brombeerpflanzung geschieht wie bei der Himbeere. Von den Bodenausläufern werden die kräftigsten im Sommer mitsamt ihren Wurzeln herausgestochen und zur Fortpflanzung an Ort und Stelle gesetzt.
Man kann aber auch, wie das bei Johannis= und Stachelbeere (siehe Seite 35) angegeben, durch Niederbeugen der Triebe in den Boden Ableger gewinnen. Meistens aber wird es so sein – wenn nicht die Ranken am Spalier hochgezogen sind –, daß sich diese, hochgewachsen, herabbeugen und sich selbst am Boden eine Stütze suchen, was die Neuanwurzelung zur Folge hat. Auf diese Weise wird es nie bei einem so starken Wachstum, wie es der Brombeere eigen ist, an Nachwuchs für Neupflanzungen aus eigenen Beständen fehlen.

Schnitt

Ein gut entwickelter Wurzelstock treibt jährlich 5 bis 8 Ruten, die 3 bis 5 Meter lang werden können und mit starken Stacheln versehen sind. Die Angst vor der Verwilderung einer solchen Brombeeranlage ist vollkommen unbegründet, wenn man, bewaffnet mit Lederhandschuhen und einer langstieligen Heckenschere, resolut und regelmäßig den Jahresschnitt vornimmt. Der Schnitt der **aufrecht wachsenden Sorte** gleicht jenem der Himbeere. Im Spätsommer nach der Ernte werden alle abgetragenen und absterbenden Ruten tief am Boden herausgeschnitten. Im zeitigen Frühjahr werden auch die schwächlichen Bodentriebe entfernt. Mehr als 6 starke Ruten werden nicht belassen. Die aus den kräftigen Ruten etwa gebildeten Seitentriebe werden auf 1 bis 2 Knospen zurückgeschnitten. So wird eine Häufung von Trieben verhindert und eine gute Fruchtentwicklung ermöglicht.

Die **rankende** Brombeere muß wegen ihrer größeren Wuchskraft und der stärkeren Seitenholzbildung etwas anders behandelt werden.

Nach beendeter Ernte schneidet man die abgetragenen Ranken möglichst tief am Boden heraus. Wegen der Frostempfindlichkeit der rankenden Sorte beläßt man die abgeschnittenen Ranken an ihrem Platz. Sie fangen den Schnee auf und schützen die Jungtriebe. Im nächsten Jahre lassen sich diese abgestorbenen Ruten mit einem langstieligen Gartengerät herausziehen. Von den neuen Bodentrieben werden überflüssige ganz entfernt; mehr als 6 kräftige Triebe braucht ein Brombeerstrauch nicht, um volle Ertragsleistung zu bringen. Diesen Rutenschnitt am Nachwuchs kann man vorteilhaft ins zeitige Frühjahr verlegen. Je nach ihrer Wuchskraft werden die Spitzen eingekürzt, da an den Triebspitzen überwiegend schwach entwickelte Knospen sitzen und die Spitzen selber auch oft zurückgefroren sind.

Die aus den Ranken sich bildenden Seitentriebe, an denen die Ruten blühen und fruchten, werden auf 1 bis 2 Augen zurückgeschnitten.

Im Laufe des Sommers wird dieser Neuaustrieb in Schach gehalten als Vorarbeit für den Winter. Die Seitentriebe, die aus den Blattwinkeln hervorsprossen, werden auf 4 Blätter gekürzt; schlagen sie wiederum neu aus, wiederholt sich dieser Rückschnitt, vergleichbar dem Entgeizen der Rebe. So wird der Strauch vor Verwilderung geschützt und der Fruchttrieb gekräftigt.

Düngung

Von Grüneinsaaten bei Beerenobst war wiederholt die Rede, desgleichen vom starken Humusbedürfnis der Himbeere und Brombeere.

Wie die Himbeere, so ist auch die Brombeere empfindlich gegen das chlorhaltige Leitungswasser, was bei etwaiger Bewäs=

serung beachtet werden muß. Die beste Sicherung zur Erhaltung der notwendigen Bodenfeuchtigkeit ist immer das gute Mulchen des Pflanzbodens.
Im zeitigen Frühjahr ist gerade die Brombeere für einen Geflügelkompost oder auch in flüssiger Form als verdünnte Geflügeljauche sehr empfänglich (siehe M. E. Bruce „Gartenglück", Seite 36 ff. und Seite 67!). In Ermangelung dessen empfehlen wir als Einstreu in den Pflanzenkompost „Peru=Guano", alle Gesteinsmehle und Algenmehl. Mit einer Vollentwicklung der Blütenstände wird der Strauch diese Hilfe beantworten. Für den Herbst jedoch ist von einer Düngemaßnahme abzuraten, vor allem bei der frostempfindlichen rankenden Sorte.
Herbstdüngung würde das rechtzeitige Ausreifen der Jahrestriebe bei Brombeeren verhindern und starke Frostschäden zur Folge haben.

Schädlinge und Krankheiten

Bisher hatte die Brombeere nur wenig unter Schädlingen zu leiden, da sie noch vom Kräftevorrat ihrer Wildform zehrte; doch langsam stellen sich auch bei dieser noch jungen Kulturpflanze Schadbilder ein.
Die Beeren bleiben auffallend klein, sind saftarm und bleiben hellrot. Erst kurz vor der Reife merkt man den Schaden. Der winzige kleine Schädling, die Brombeermilbe (Eriophyes essigi), saugt am Grunde der einzelnen kleinen Früchte, dem Fruchtknoten, und läßt die Beeren nicht zur Reife kommen.
Die Milbe überwintert an geschützter Stelle des Strauches und wandert im Frühjahr auf die jungen Blätter, von da aber auf die Blütentriebe. Zur Bekämpfung werden Spritzungen mit Schwefelkalkbrühe empfohlen; wir raten aber dringend zu einer Herbstspritzung nach erfolgtem Ausschnitt mit starkem **Rainfarn= oder Wermuttee.** Desgleichen empfehlen wir für das Frühjahr bei beginnendem Austrieb eine Wiederholung dieser Teespritzung in etwas schwächerer Dosis. Diese Tee=

spritzungen – auch **Schachtelhalmspritzungen** gegen aufsteigende Milben im zeitigen Frühjahr – haben bei Milbenbefall jeglicher Art immer gute Erfolge gehabt. Ein immer gut gemulchter Boden ist überdies ein gutes Vorbeugemittel, denn Milbenbefall wird durch Trockenheit begünstigt.

Der Brombeer s p i n n e r, ein plumper Nachtfalter, wird durch seine schwärzliche, dicht behaarte Raupe schädlich. Sie spinnt sich später auf Blättern und niedrigen Pflanzen ein. Mit **Heißwasserspritzung** von 50 bis 52 Grad (siehe Seite 69 unter Stachelbeere, „Rote Spinne"!) kann man alle Gespinste samt Inhalt vernichten.
Im übrigen sollte die Brombeeranlage bei der **Winterspritzung** der Obstgehölze des Gartens nie vergessen werden, viel überwinterndes Ungeziefer an Strauch und im Boden wird dadurch vernichtet. Auch die Nachbarpflanzen müssen immer mitgespritzt werden, da sie für manchen Schädling als Wirtspflanze benutzt werden.
Eine **Vorblütenspritzung mit Schachtelhalm,** mit oder ohne **Brennesseltee,** diese in größeren Abständen bis in den Herbst hinein gegeben, hält nicht nur schädliche Parasiten fern, sondern wirkt sich auch günstig auf Blüte und Frucht der Brombeere aus.

Von pilzlichen Schädlingen kann der B r o m b e e r r o s t (Phragmidium violaceum) dem Strauch schweren Schaden zufügen. Wie am Himbeerstock zeigen sich an der Unterseite der Blätter die gelbroten und schwarzen Fruchtkörper des Rostpilzes. Brombeerblätter färben sich an den erkrankten Stellen oberseits leuchtend rot. Sind die Blätter stark erkrankt, so fallen sie ab.
Die regelmäßige **Schachtelhalmspritzung** der Obstgehölze des Gartens ist die beste Vorbeugungsmaßnahme für alle pilzlichen Erkrankungen. Ist der Befall aber bereits sichtbar, so wird eine dreimalige Spritzung des befallenen Strauches mit Schachtel=

halmtee in Abständen von 3 Tagen, wenn möglich bei praller Sonne, empfohlen. Abgefallene Blätter müssen zusammengeharkt und sogleich verbrannt werden.

Am Stengelgrund von Himbeeren und Brombeeren können sich Wucherungen, knollenartige Auswüchse bilden, die auch oft an Ruten und Zweigen der anderen Beerensträucher sichtbar werden. Es handelt sich um den Wurzelkropf (bacterium tumefaciens). Befallene Ruten und krebsartige Geschwülste müssen herausgeschnitten und verbrannt werden. Beim Schnitt der Sträucher muß Vorsicht walten, damit diese Krankheit nicht durch Werkzeuge auf gesundes Holz übertragen wird. Die beste Abwehr gegen Wurzelkropferkrankung ist das Eintauchen des Wurzelballens vor der Pflanzung in den mit Schachtelhalmtee angerührten Lehmbrei. Gute Durchspritzung bei der regelmäßigen Schachtelhalmspritzung der Obstgehölze ist die Ergänzung der ersten Maßnahme beim Pflanzen.

Gehalte und Verwendung

Der Nutzen der Brombeere ist, wie eingangs schon gesagt, groß, ihre Verwendung für die Gesundheit der Menschen uralt. Schon die alten Griechen kauten Brombeerblätter gegen lockeres Zahnfleisch. Von Plinius an, über das 11. Jahrhundert einer Hildegard von Bingen hinaus, wußte man vom Nutzen dieser ausgesprochenen Gerbstoffdroge und verwandte den Aufguß der Blätter gegen Blutungen und Durchfall.
Der mittelalterliche Kräutergelehrte Mattioli (1563) läßt sogar „das grüne Laub zerstoßen und pflasterweis auff den magen legen" bei Erbrechen und anderen Magenbeschwerden (vgl. Dr. Winkelmann; Prof. Eckstein-Flamm, Heilkräuter für Dich, 1952).
Von Mai bis Juni kann man die Blätter sammeln und trocknen; frische Blätter können bei einer guten Anlage bis in den Winter hinein gepflückt werden. Doch sollte man auch hier den Strauch schonend behandeln, da er seiner Blätter bedarf.

Die F r ü c h t e enthalten, gleich der Himbeere, nahrhaften Zucker und neben anderen organischen Säuren vor allem die wertvolle Zitronensäure, dazu einen hohen Gehalt an Milch=säure. Ihr Vitamin=A=Gehalt übertrifft den aller Obstsorten einschließlich der Höchstleistung von Aprikosen und Pfirsichen. Auch der Kalkgehalt der Brombeere ist höher als der aller an=deren Früchte und macht einen gewissen Kalkhunger der Pflanze begreiflich.

Die Kerne der Brombeere, die mitgenossen werden, enthalten 12,90 Prozent fettes Öl.

Alles das spricht für den Nährwert der Brombeere, die man nicht nur für den Winter einmachen und als Zuspeise benut=zen, sondern vor allen Dingen bis in den Spätherbst hinein als Rohkost genießen kann.

Der Saft der Brombeere ist von besonderer Güte und wirkt günstig auf Magen, Darm und Blase, wenn man eine halbe Stunde vor jeder Mahlzeit ein kleines Gläschen davon trinkt, am besten von rohen Beeren, jeweils durch den „Multiplex“ gedreht. Bei Husten und Verschleimung wirken Brombeersaft und =gelee ähnlich schleimlösend wie Bienenhonig.

Man sollte jedoch die Beeren nie im unreifen Zustand pflücken, denn dadurch wird der Natur die Möglichkeit genommen, uns ihren Reichtum an Nähr= und Heilstoffen zuzuführen, die erst die Reife im Vollmaß schenkt.

Und doch ist es nicht nutzlos, die im Spätherbst nicht ausge=reiften Beeren zu pflücken und zu trocknen. Sie sind ein gutes Hausmittel und schnell erreichbar bei akuten Durchfällen.

Selbst die W u r z e l des Brombeerstrauches wirkt sich heil=kräftig aus, wenn man sie klein geschnitten, getrocknet, heiß aufgießt und etwa eine Viertelstunde kochen läßt. Dieser Auf=guß wirkt stuhl= und harntreibend.

So ist der alte Brombeerstrauch, angefangen von seinen Wur=zeln über Blatt, Sproß, Blüte bis hin zur reifen Frucht eine einzige Wohltat für Mensch und Tier, von der Schöpfung uns ohne große Kosten zur Verfügung gestellt.

Weinrebe

Vitis vinifera

Die älteste uns zur Kenntnis gelangte Beere ist die Weinbeere. Man gibt ihr ein Entwicklungsalter von 5000 Jahren. Diese Annahme wird vielleicht mit jener biblischen Erzählung zusammenhängen, in der von Noas Erfahrung gesprochen wird, die er bezüglich der Wirkung des Weines gemacht hat. Hunderte von Sorten sind in den Jahrtausenden gezüchtet worden. Denn der Traubensaft hat in der Geschichte der Menschheit allezeit eine große Rolle gespielt.
Nach einer bisher unwidersprochen gebliebenen Annahme hängt die Kultur des Weinstockes in Deutschland mit der Besitzergreifung Germaniens durch die Römer zusammen; wie uns ja überhaupt die Kultur aller Obstgehölze aus dem Süden zugetragen wurde, nicht zuletzt durch die missionierenden Mönche.

Standort und Boden

An den Boden stellt der Weinstock nicht sehr hohe Ansprüche, ob dieser nun leicht oder schwer ist. Vor allem muß er durchlässig und gut erwärmbar sein und einen gemäßigten Kalkgehalt haben.
Lage und Standort jedoch sind von großer Wichtigkeit. Dort, wo die Tage kurz sind, Licht und Wärme in Frage stehen, lohnt es sich nicht, Weinbau zu betreiben. Doch hat man für den **Garten**anbau auch in rauhen Gegenden ertragreiche Sorten entwickeln können. Im allgemeinen kommt aber auch in diesem Fall nur Südlage in Betracht, an einer Hauswand, als Spalier oder als Laubengang im Garten.
Die Weinrebe, ursprünglich ein Schlinggewächs, braucht als Stütze für das erste Jahr einen Pfahl, für die weiteren Jahre aber ein Gerüst, an dem in Abständen von 40 bis 50 cm Querdrähte gespannt wurden.

Sortenwahl

Die rechte Auswahl der Sorte ist für den Hausgarten von Wichtigkeit. Es haben sich in den letzten Jahren einige gute Sorten herausgebildet, die auch in klimatisch weniger günstigen Lagen reiche Erträge bringen.

„Früher Malinger" gehört zu den altbekannten Weinstöcken, die sich auch in rauher Gegend noch gut bewähren. Wegen des sehr süßen Geschmackes nennt man ihn auch „Zuckertraube". Die Trauben reifen mittelfrüh und sind von mittlerer Größe. Der Stock verlangt kräftigen, humusreichen Boden; sein Wachstum ist mittelstark und verlangt daher kurzen Schnitt. Der Stock wird nicht sehr hoch, doch gedeiht er noch bis ins nordische Küstengebiet hinein. Wegen der großen Fruchtbarkeit und sicheren Reife ist diese Sorte nur zu empfehlen.

„Schweizer Gutedel" ist eine Auswahlsorte mit hohen Erträgen und starkem Wuchs. Die Trauben reifen mittelfrüh.

„Weißer Gutedel" mit großer, runder Beere, fest und haltbar; sie reift im September und ist von angenehmem Geschmack. An die Lage stellt sie keine großen Ansprüche und bringt selbst im Norden noch reiche Ernten. Diese Sorte verlangt aber guten Boden; ein Anbau in trockenem Land lohnt sich nicht.

Auch **„Roter Gutedel"** gedeiht noch im Norden. Diese reichtragende Sorte mit mittelfrüher bis später Reife ist eine Gartenschönheit. Die Trauben sind fest und haltbar und angenehm von Geschmack. Die Rebe wächst mittelstark und braucht einen Schnitt auf 4 bis 6 Augen; sie verlangt ebenfalls kräftigen, nicht zu trockenen Boden.

„Früher blauer Burgunder". Für nördliche Gegend als Hausrebe nur zu empfehlen. In südlicherer Lage beginnt die Reife Ende Juli, weiter nördlich erst im August. Die Rebe gedeiht auch auf Sandböden, verlangt aber kurzen Schnitt.

An die Stelle des „blauen Burgunder" ist mit der Zeit der **„Frühe blaue Portugieser"** getreten mit seinen tiefschwarzen, mittelgroßen Beeren. Die Ansprüche an den Boden sind gering, auch auf leichten Böden noch gut möglich; jedoch ist die Rebe frostempfindlich und muß im Winter abgedeckt werden, deshalb eher für wärmere Gegenden zu empfehlen. Sie wächst stark, für Laubengänge geeignet; zur Zeit der Reife wird sie zur Schönheit für jeden Garten. Doch muß sie im Älterwerden stark gekürzt werden zugunsten der Beeren. Ende August beginnt die Reife. Da mehltauempfindlich, sind häufigere Spritzungen mit Schachtelhalmtee zu empfehlen.

Pflanzung

Die beste Pflanzzeit für Weinreben ist das Frühjahr, wenn der Boden erwärmt ist April/Mai. Topfreben, die zeitig in einer guten Baumschule bestellt wurden, können bis in den Sommer hinein gesetzt werden.

Der Weinstock wurzelt tief, er verlangt einen tiefgründigen, lockeren Boden und ist darum gegen hohen Grundwasserstand empfindlich.

Die beste Bodenvorbereitung ist eine im Vorjahr erfolgte Grüneinsaat, die das Erdreich lockert und in die Tiefe vorstößt: **Bokharaklee** mit seiner einjährigen Kulturdauer oder eine Herbsteinsaat von **Lupinen.** Auch der **Winterroggen** mit seinen tiefgehenden Wurzeln schließt den Untergrund auf (siehe: Firmenverzeichnis, Grüneinsaaten, DVZ, Sontra). Unmittelbar vor der Pflanzung wird die Pflanzgrube ausgehoben; bei einem Wandspalier sollte sie ca. 1 m im Quadrat und 70 bis 80 cm tief sein. Bei freistehenden Reben genügt eine Breite von ca. 40 cm.

Die ausgehobene Erde wird mit gutem Pflanzenkompost gemischt, dem — möglichst schon beim Kompostbau — etwas Gesteins- und Knochenmehl beigefügt wurde. Sehr günstig für das Anwachsen wirkt sich eine Mischung mit lockerer, sandiger Lehmerde aus. Von dieser Mischung werden einige Schaufeln voll in die Grube gefüllt, da es vor allem auf die Förderung der Fußwurzeln ankommt.

Bei Pflanzen mit freiliegenden Wurzeln werden diese Fuß=wurzeln auf etwa 10 cm gekürzt, die Seitenwurzeln auf 1 cm. Bei gelieferten Topfreben ist dieser Schnitt nicht mehr nötig, und die Pflanze wird mit dem ganzen Wurzelballen in die Grube gelegt. Sie muß schräg zur Wand hin und so tief zu liegen kommen, daß ein bis zwei Triebaugen mit zugedeckt werden können und das obere Ende der Pflanzrebe 20 bis 30 cm von der Hauswand entfernt bleibt.

Dieses Verfahren bei Spalierwein sichert auch den Bestand der jungen Rebe; wenn nämlich ein strenger Winter den oberirdi=schen Teil abfriert, bringt der im Boden verbleibende Stamm=teil neue Austriebe.

Die Wurzeln werden nun gleichmäßig und gut mit der gemisch=ten Pflanzerde bedeckt und diese leicht angetreten. Dann füllt man die Grube vollständig auf und bildet aus Erde einen kleinen Hügel, in den man zur notwendigen Bewässerung eine schüssel=artige Vertiefung zieht, in der die Rebe sitzt. Diese wird nun gleich tüchtig angegossen und auf ein, höchstens zwei kräftige Augen zurückgeschnitten. Der verbleibende Triebstumpf wird zum Schutze gegen das Austrocknen oder gegen Spätfröste mit lockerer Erde oder feuchtem Torfmull bedeckt. Zur Erhaltung der für das Anwachsen notwendigen Bodenfeuchtigkeit emp=fiehlt es sich, auch den ganzen Pflanzboden mit feuchtem Torf=mull zu bedecken.

Da der Weinstock bei regelmäßigem Schnitt und guter Pflege in seiner sich immer wieder verjüngenden Kraft fünfzig und mehr Jahre alt werden kann, muß man schon bei der Pflanzung auf die richtigen Abstände sehen. Je nach Wüchsigkeit der Sorte muß an Hauswänden oder freistehenden Spalieren ein Abstand von 3 bis 5 m gerechnet werden. Bei Einzelstöcken genügt 1 bis 1,50 m Pflanzabstand.

Die **Vermehrung** aus eigenem Bestand ist eine höchst einfache Sache. Hat man einen gut tragenden Stock, der sich auch bei Krankheiten und Schädlingsbefall widerstandsfähig erwiesen hat, so kann man immer wieder von ihm das nötige Steckholz

schneiden oder auch durch einfache Ableger seinen Bestand an Weinreben vermehren.
Zum **Ableger** eignet sich eine, möglichst am unteren Teil des alten Stockes entsproßte, einjährige Rebe. Diese beugt man, scharf im Winkel, und legt sie in eine nahe dem Mutterstock bereitete Grube zur Bewurzelung. An der Biegung schneidet man sie zwischen zwei Augen von unten nach oben leicht an. Ein Steinchen wird hineingeschoben, um die Schnittfläche offenzuhalten. Dann wird die so eingelegte Rebe mit Komposterde bedeckt und möglichst feucht gehalten. Im Laufe des Sommers bewurzelt sie sich und kann dann im Herbst oder im nächsten Frühjahr abgeschnitten und verpflanzt werden. Längere Reben mit mehreren kräftigen Augen lassen sich sogar auf diese Weise zwei= oder dreimal im Bogen zur Bewurzelung niederlegen.
Besser und leichter als diese Absenker bewurzeln sich die **Stecklinge.** Nach einer sorgfältigen Auswahl an kräftigen, gut ausgereiften, ein=, besser noch zweijährigen Reben, deren Augen oder Knoten nicht zu eng stehen, wird das Steckholz herausgeschnitten. Diese Knoten mit den Augen enthalten die Reservenährstoffe; an ihnen bilden sich auch in der Erde die Wurzeln. Je dickere Knoten das „Blindholz" hat, desto mehr Wurzeln kann es entwickeln, desto stärker wird auch der Austrieb sein. Das Schneiden der Stecklinge erfolgt im Herbst beim Abräumen oder im Januar/Februar. Später darf kein Blindholz abgenommen werden, weil der Saft schon steigt und die Reben zu „bluten" beginnen. Das zu spät abgeschnittene Holz verliert einen großen Teil seiner notwendigen Reservenährstoffe.
Das Steckholz wird, je nach der Anzahl der Knoten — 3 bis 5 —, auf 30 bis 50 cm Länge geschnitten. Der Schnitt am untersten Auge muß unmittelbar unterhalb eines Knotens ausgeführt werden. Über dem obersten Auge bleibt noch ein kleiner „Zapfen" stehen, der das Auge vor dem Eintrocknen schützt. Geschnitten wird i m m e r zwischen zwei Augen, mindestens jedoch 1 cm über einem Auge. Der Schnitt muß leicht senkrecht,

nie waagerecht geführt werden; er darf n i c h t zum Auge hin=geneigt sein, weil sonst abfließender Saft oder Regenwasser dieses benetzt und dadurch beschädigt werden kann.
Diese Stecklinge werden in einem trockenen, kühlen, aber frostfreien Raum bis zur Hälfte ihrer Länge in Sand eingeschla=gen. Der Sand muß immer etwas feucht gehalten werden. Im Frühjahr (März–Mai) werden die Stecklinge auf ein gut vorbe=reitetes , mit lockerem Kompost gedüngtes Beet gepflanzt. Man kann sie aber auch gleich an Ort und Stelle stecken. Das Beet mit mehreren Stecklingen erhält einen schräglaufenden Pflanz=graben, dessen Sohle mit Kompost bedeckt wird. Die Reben=stecklinge werden nun schräg eingelegt, so daß ihr oberstes Auge mit der Erdoberfläche abschneidet. Dieses Auge wird zum Schutz gegen Austrocknen und Frost mit feuchter Erde, besser mit feuchtem Torfmull bedeckt. Während des Sommers sollte auch das ganze Beet gleicherweise bedeckt werden, um die Bo=denfeuchtigkeit zu erhalten.
Im Herbst oder im folgenden Frühjahr werden die nun bewur=zelten Stecklinge – „Wurzelreben" – ausgegraben und an ihren Bestimmungsort verpflanzt in der oben Seite 97 f. angegebenen Weise, nachdem auch ihre Wurzeln entsprechend gekürzt wor=den sind.
Die **Vermehrung durch Augen** geschieht in einfachen Blumen=töpfen. Man schneidet ein kräftiges Auge an einer gesunden Rebe heraus, steckt diesen Augensteckling in einen mit sandi=ger Erde gefüllten Topf zum Bewurzeln und stellt den Topf ins warme Zimmer. Bei 18 bis 24 Grad C Bodenwärme tritt in 4 bis 6 Wochen die Wurzelbildung ein, und das Auge treibt aus. Sobald der Topf durchwurzelt ist, wird der Steckling in einen größeren Topf und in kräftige Erde umgepflanzt. Später wird diese „Topfrebe", wie oben angegeben, ins Land gebracht.

Pflege im ersten Jahr nach der Pflanzung

Die neugepflanzte Rebe wurzelt bald an, und bei warmem Wetter wird schon nach einigen Wochen ein junger Trieb die

Abdeckung durchbrechen, die dann vorsichtig beiseite geschoben wird. Hat der Jungtrieb die entsprechende Höhe erreicht, wird er mit Bast aufgebunden. Je nach der beabsichtigten Erziehung und Form des Spaliers wird der zweite oder auch dritte Trieb entfernt. Es kommt darauf an, eine gute Grundlage, d. i. den Stamm des Weinstockes zu bilden, zu dessen kräftiger Entwicklung schwächere Triebe weggeschnitten werden müssen. Im Laufe des Sommers entstehen bei kräftigen Trieben auch sehr bald Nebentriebe, d. i. „Geize". Diese müssen auf 2 Blatt zurückgeschnitten werden, sobald sie länger werden. Treiben sie dann wiederum aus, so werden sie nochmals zurückgeschnitten; sie dürfen keinesfalls ungehindert wachsen, sonst verbrauchen sie Nährstoffe, die für den Haupttrieb unumgänglich nötig sind. Der Haupttrieb selbst wird im August/September ebenfalls gekürzt auf etwa 8 bis 10 Blätter, damit er sich kräftigt. Treibt er in seinen oberen Augen wiederum aus, so wird dieser Austrieb wie „Geize" behandelt und ebenfalls gekürzt.

Bei trockenem Sommer empfiehlt es sich, im Wurzelbereich eine Gießmulde zu öffnen und einmal gründlich zu wässern. Dann wird die Mulde wieder mit feuchtem Torfmull abgedeckt. Unterkulturen sind für den Wein auf ca. 1 m Umkreis grundsätzlich zu vermeiden; auch Blumen und Kräuter sollten nicht auf seinem Pflanzboden stehen, damit die Sonne ungehemmt Zutritt bekommt.

Nach Laubabfall im Herbst löst man den jungen Trieb vom Pfahl oder Draht, legt ihn auf den Boden um und bedeckt ihn mit trockener Erde oder Tannenreisig zum Schutz gegen den Frost. In weniger rauhen Gegenden genügt ein Anhäufeln mit trockener Erde bis ungefähr zum 4. Auge.

Pflege im zweiten Jahr

Im zweiten Jahr müssen die Triebe an ein festes Gerüst gebunden werden, das nun angebracht sein muß. Im März/April wird die Deckerde weggeräumt.

Vielfach wird empfohlen, die Erde um den Wurzelstock zu entfernen, um die Wurzeln wegzuschneiden, die sich am oberen Wurzelhals gebildet haben, damit die Hauptwurzel gekräftigt wird und tiefer in den Boden eindringt. Je nach Bodenverhältnissen wächst ja die Pflanze 6 bis 8 m tief in den Untergrund. Darum auch übersteht der Weinstock die oft lange währenden Trockenzeiten.

Ist der Jungtrieb stark genug, so kann man ihn auf 5 bis 7 Augen zurückschneiden. Je nach gewünschter Stammhöhe — nicht unter 40 cm — werden die unteren Augen entfernt, ähnlich wie wir dies bei Fußstämmchen der Stachelbeere (s. Seite 65) angegeben haben.

Ist aber der Trieb schwach geblieben, dann wird er auf ein Auge zurückgeschnitten, und es bildet sich ein kräftiger Neutrieb.

Danach wird die junge Rebe zum Schutz gegen Spätfröste mit Strohdecken oder Säcken zugehängt.

Die **sommerliche** Behandlung der grünen Schosse bleibt die gleiche wie im Vorjahr. Die Rebe, die auf 5 bis 7 Knospen zurückgeschnitten wurde, liefert einen Mitteltrieb, auch Haupt= oder Verlängerungstrieb genannt, und Seitentriebe. Der Verlängerungstrieb wird senkrecht aufgebunden, die Seitentriebe rechtzeitig schräg angebunden, die Nebentriebe der Seitentriebe — „Geize" — werden wie im Vorjahr entspitzt, je nach Wuchs auf 6 bis 8 Blätter. Die Geize sind notwendig zur besseren Ernährung der Knospen (Augen). Sie dürfen aber nicht ungehindert wachsen, sonst verbrauchen sie die Nährstoffe für sich und schwächen den Haupttrieb. Austriebe am Stammkopf werden glatt weggeschnitten; in späteren Jahren bilden sich hier die Nachwuchstriebe zur Vermehrung.

Oft kommt es vor, daß sich schon im zweiten Jahre Blüten („Gescheine") zeigen. Bei gut wüchsigen Sorten dürfen schon einige zur Traubenbildung belassen werden; im allgemeinen aber schneidet man die frühen Blüten besser heraus, damit sich die Ruten erst kräftiger entwickeln.

Winterschnitt

Bevor der erste Safttrieb beginnt, muß das Rebspalier geschnit=ten werden. Bei der Unsicherheit der Witterung und der Länge des Winterfrostes wird oft schon im Spätherbst n a c h dem Laubfall das abgetragene Holz herausgenommen. Man nimmt jedoch dabei immer das Risiko von Frostschäden auf sich. Im zeitigen Frühjahr, beim Nachlassen der strengen Kälte wird dann der eigentliche Winterschnitt beendet. Ein zu später Schnitt bedeutet unter Umständen gewaltige Schwächung für die Pflanze. Der Weinstock „blutet", wenn nach spätem Schnitt der Saft aus der Schnittfläche läuft. Auch wenn äußerlich noch keine Anzeichen eines Austriebes zu erkennen sind, steht doch der Saft schon unter starkem Druck.

Im Unterschied zum Obstbaumschnitt muß man sich merken, daß der Wein 1 bis 2 cm über einem Auge, nicht wie beim Obst knapp über dem Auge geschnitten wird (siehe Seite 99 f.).

Altes, überzähliges Holz kann mit der Säge herausgeholt werden. Der Weinstock trägt nur am e i n j ä h r i g e n Holz, und zwar an solchen einjährigen Ruten, die aus den zweijäh=rigen erwachsen. Treibt altes Holz, der Stamm, die Äste („Schenkel"), so ist dieser Trieb nicht fruchtbar und wird weg=geschnitten. Fehlt es aber an einem Ersatzzapfen oder ist der alte Zapfen zu lang geworden, so kann der Holztrieb stehen=bleiben und wird später wie eine Ersatzrebe zum Zapfen ge=schnitten.

An Rebspalieren wird meistens die Kombination von „Zapf"= und „Bogenschnitt" angewandt. Der „Zapfen" ist das 1= bis 2=cm=Rutenstück, das „über dem Auge" stehengeblieben ist. Es soll die Knospe (Auge) vor dem Eintrocknen schützen, denn der Trieb zwischen Knospe zu Knospe ist hohl und bei jungen Trieben sehr weich. Die „Bogen"= oder Tragreben werden seit=wärts angebunden.

Hat sich nun der Weinstock wunschgemäß entwickelt, so kann im Beginn des **dritten Jahres** der **Mitteltrieb** so weit zurück=

geschnitten werden — auf 4 bis 6 Augen —, daß alle Seitenaugen austreiben. Die **Seitentriebe** werden auf 2 Augen (auf „Zapfen") geschnitten. Dieser „Zapfenschnitt", bei schwach- und mittelstarken Sorten angewandt, dient zur Erziehung der Trag- und Ersatzrute. Aus den Augen sprossen im Sommer zwei Schosse: der obere Sproß wird zur Tragrebe, der untere zur Ersatzrebe.

Tragen beide Sprossen Blüten, so kann bei starkwüchsiger Sorte auch die Ersatzrebe fruchten, bei schwachwüchsiger wird die Blüte besser ausgebrochen, auch die Ranke entfernt. Durch rechtzeitiges Entgeizen im Sommer und Entspitzen der Tragruten wird die kräftige Entwicklung der unteren Knospen gefördert. Diese Knospen müssen dann im folgenden Jahr wieder als Frucht- und Ersatzrebe dienen.

Dann wird die dem Haupttrieb nahe gelegene Rute zur Weiterentwicklung wiederum „auf Zapfen" mit zwei Augen geschnitten, und der 2. Trieb bildet die **Bogenrebe** und wird, nachdem sie auf 5 bis 6 Augen entspitzt ist, bogenförmig ans Spalier gebunden.

Es kann vorkommen, daß ein Zapfen nur e i n e n Trieb bildet. Dann wird dieser eine Trieb zum Zapfen (d. h. auf 2 Augen) geschnitten, und die neue Bogenrebe wird aus dem 1. Trieb der alten Rebe gezogen.

Zeigt sich ein junger Trieb am Grund eines Zapfens, d. i. am Holz, so lassen wir ihn sich ruhig entwickeln. Aus ihm wird später der neue Zapfen geschnitten und dann der alte entfernt.

Sommerschnitt

Der Grünschnitt erstreckt sich über den ganzen Sommer. Die gewaltige Triebkraft des Weinstockes soll dadurch in geordnete Bahnen gelenkt und die eingesparte Kraft der Fruchtbildung zugeführt werden. Der Schnitt selber ist höchst einfach. Zunächst werden im Juli — ca. 14 Tage nach der Blüte, wenn die kleinen Beeren ungefähr Hanfkorngröße erreicht haben —

alle tragenden Ruten 2 Blatt — bei schwachbelaubten Sorten 3 bis 4 Blatt — über dem obersten Fruchtansatz abgeschnitten. Die stehenbleibenden Triebe werden sorgfältig angebunden, und zwar so, daß die Sonne vollen Zutritt hat. Mehrere Triebe dürfen nie zusammengebunden werden, das würde Licht- und Luftzutritt verhindern. **Tragreben** werden möglichst waagerecht angebunden; die jungen, für das nächste Jahr notwendigen Triebe dagegen möglichst senkrecht.

Nichttragende Ruten werden ab Juli entfernt, bei schwachbelaubtem Wein nur gestutzt. Wenn sie am unteren Ende zu verholzen beginnen, dann ist der richtige Zeitpunkt da.

Bei Bogenreben bleibt der **Ersatztrieb** vorerst ungekürzt. Die in den Blattwinkeln sich bildenden **Geiztriebe** werden über dem untersten Blatt entspitzt, so daß also nur ein Blatt stehenbleibt. Da der entspitzte **Geiztrieb** im Laufe des Sommers immer wieder nachwächst, muß das Entgeizen je nach Bedarf immer wiederholt werden.

Den **Haupt- und Verlängerungstrieb** lassen wir gut angeheftet wachsen, erst im August/September wird er auf 10 bis 14 Augen gekürzt.

Was sonst noch an Laub da ist, darf nicht entfernt werden, auch wenn die Blätter wirklich einmal die Traube beschatten. Die Blätter werden vom Weinstock zum Aufbau gebraucht, und die Gefahr des Sonnenbrandes wird durch sie ferngehalten.

Wer sich an regelmäßigen, aber auch resoluten Schnitt hält, wird nie einen verwilderten Weinstock im Garten haben; ja, dieser selbst wird den Weingärtner am besten anlernen können, denn das Mitleben mit einer Pflanze ist die beste Schulung, auch für den Schnitt.

Pflege des Weinstockes

Der Weinstock steht mehr unter Einwirkung von Licht und Wärme als unter jener des Bodens und seiner Düngung. Darum auch kann eine zu starke Düngung geiles Wachstum, Krankheiten und Schädlinge zur Folge haben.

Im Winter liebt der Wein Überschwemmung und im Sommer Sonnenglut. Wem es darum möglich ist, nach einer guten Herbstdüngung mit Kompost den ganzen Boden mit Grabenaushub oder Flußschlamm zu bedecken, gründlich anzuschlemmen, der hat fürs erste das beste getan, was der Rebe nützt.

Im Frühjahr aber, nach den Maifrösten, muß jede Bedeckung weggenommen oder zeitig eingearbeitet werden, damit Wärme und Luft ungehemmten Zutritt haben. Dagegen haben sich aber Steinplatten, auf den Pflanzboden gelegt, sehr günstig ausgewirkt: Sie fangen Wärme auf und strahlen sie nach oben auf den Rebstock aus.

Im Herbst nach der Ernte wird der Weinstock abgedüngt. Der dafür bereitete Pflanzenkompost sollte, wie schon früher auf Seite 97 erwähnt, eine Einstreu von Gesteinsmehlen bekommen. Alle für Obst= und Weinbau notwendigen Elemente werden auf diese Weise der Pflanze zugeführt: Kalk, Kali, Kieselsäure, Magnesium und Phosphorsäure.

Präparierter Hühner= oder Taubendung, in den Kompost gemischt, verbessert noch den Herbstdung und reichert den Stickstoffgehalt an. In Ermangelung von Geflügeldung nimmt man vorteilhaft „Peru=Guano", Horn= und Knochenmehl. Immer etwas Holzasche dem Dung beizugeben, ist beim Weinbau zu empfehlen.

Besonders gut wirkt sich auf den nächstjährigen Fruchtansatz eine im Herbst gegebene, 1:5 verdünnte Brennesseljauche aus, sie kann bei der gründlichen Bewässerung vor dem Winter mitgegossen werden.

Nach Laubfall, wenn im Garten das Obstgehölz seinen **Lehmanstrich** bekommt, sollte vor allem auch der Rebstock bis ins kleinste Geäst und Winkelchen hinein mit Lehmbrei, der immer mit Schachtelhalmtee verrührt wird, bestrichen werden. Jahrzehntelange Erfahrung hat bewiesen, daß so behandeltes Rebholz immun wird für bakteriöse Erkrankung. Bei größeren

Spalieren kann dies der Einfachheit halber mit etwas stärker verdünntem Lehmbrei als Spritzung gegeben werden. Ein Handfeger tut dabei, wie beim anderen Beerenobst, gute Dienste. Das gleiche Lehmverfahren wird **im Frühjahr** nach dem Winterschnitt wiederholt.
Nach der Abdüngung und Spritzung im Herbst wird der Boden bedeckt. Wo Schlick, Grabenaushub und dergleichen fehlen, da wird dringend zu einer **Grüneinsaat** geraten (siehe Grüneinsaaten, Seite 113). Im kommenden Frühjahr, Ende Mai, wird dieses Grün geschnitten, zum Trocknen am Platz liegengelassen und dann in den Boden geharkt. Die Rebe wird gut fertig mit halbverrottetem Schnitt und lohnt mit kräftigem Wachstum. Doch wehe, wenn der Abfall zuwenig verrottet und gar grün eingegraben wird! Starker Pilzbefall wäre die Folge.
Die Empfindlichkeit des Weinstockes gegen Pilzerkrankung ist bekannt. Darum auch wird schon die Jungrebe im ersten Jahr unter regelmäßige **Schachtelhalmspritzungen** gesetzt, die so oft wie möglich wiederholt werden, je nach dem Zustand der Pflanze. S e h r günstig wirken sich diese Schachtelhalmspritzungen auch auf die oft recht feste Haut der Beere aus. Die Erfahrung hat reichlich erwiesen, daß es möglich ist — ganz zu schweigen von Mehltaubefall und Aufplatzen der Beeren —, jede Sorte, auch wenn sie von Natur aus etwas feste Haut hat, sammetweich und gut genießbar zu bekommen.
Eine **Baldrianblütenextrakt-Spritzung** zur Zeit der Vollfrucht, vor Beginn der Färbung, tut das übrige. Bei kaltem, nassem Wetter wird diese Spritzung dreimal wiederholt und bewahrt die Trauben vor Fäulnis; bei warmem, trockenem Wetter genügt eine solche Spritzung.
Im Frühjahr nach dem Schnitt, wenn die Lehmbehandlung fertig ist, bekommt der Weinstock eine Nachhilfedüngung von der gleichen Kompostmischung, wie sie im Herbst verabreicht wurde. Dabei muß aufmerksam gemacht werden auf das alte Schnittholz. Vom Herbst- und Frühjahrsschnitt gesammelt und sorgfältig verbrannt, wird die Asche mit in den Boden als

Dung gegeben. Rebholz darf nicht fortgeworfen werden, denn seine Asche hat neben Phosphorsäure ca. 25 Prozent Kaligehalt (vgl. Leb. Erde, Heft 2, 1964) und reiche Spurenelemente. Altes Rebholz läßt sich auch verkompostieren mit anderem schwer zersetzbarem Material, aber wohl nur unter Zusatz von Rizinusschrot, das aus dem Rizinusbaum gewonnen wird, der neuestens auch in Europa als Zierpflanze zu finden ist (siehe Firmenverzeichnis!).

Vor allem aber muß der Rebstock im Frühjahr nach Düngung und Lehmbehandlung eine gute Bewässerung erfahren. Man zieht, wie bereits früher gesagt, eine Gießmulde in Wurzelumfang, die nach der Bewässerung sofort wieder geschlossen wird. Dann wird möglichst n i c h t mehr gegossen. Nur nach langer Trockenheit des Sommers oder an sehr trockenem Standort kann dies wiederholt werden. Häufiges Gießen tut dem Wein im Sommer n i c h t gut. Seine tiefgründigen Wurzeln erhalten ihm die nötige Bodenfeuchtigkeit im Innern des Erdreiches. Besser ist in langer Trockenheit ein morgendliches Abbrausen des ganzen Blattwerkes mit kaltem Wasser — nicht nach 10 Uhr. Damit werden L ä u s e, R o t e S p i n n e (Virusüberträger!) u. a. Ungeziefer ferngehalten und zugleich das Grün erfrischt.

Schädlinge und Krankheiten

Bei der oben angegebenen Art und Weise der Pflege des Weinstockes, besonders der Anwendung von Heilkräutern, ist beim Gartenspalier kaum mit größerem Schädlingsbefall zu rechnen. Dabei darf jedoch nie die Möglichkeit einer Erkrankung aus dem Auge gelassen werden. Vor allem ist es wohl der Mehltaubefall, sowohl der echte wie der falsche Mehltau, der hier in Betracht kommen könnte.

Echter M e h l t a u (Oidium tuckeri Berk). Schon im Mai kann man an Blättern und Trieben einen hauchartigen, weißlichen Belag wahrnehmen, der auf Blüte und Frucht übergeht und alles wie mit Asche bestreut erscheinen läßt. Die befallenen

Blätter kräuseln sich und sterben vorzeitig ab; die erkrankten Beeren platzen auf. Der Pilz überwintert in den Knospen.
Der oben angegebene **Lehmanstrich** (mit Schachtelhalmtee verrührt) des ganzen Rebholzes, sowohl im Herbst wie auch im Frühjahr nach dem Schnitt, ist die beste Vorbeugemaßnahme, im Zusammenhang mit den regelmäßigen **Schachtelhalmspritzungen** bei praller Sonne. Sehr gut wirkt sich auch eine Mischung des Spritztees von **Brennessel** und **Schachtelhalm** aus. Da dieser Pilz durch trockene, warme Luft, in dumpfer Lage, besonders an Hausspalieren, begünstigt wird, ist das morgendliche Abbrausen des Blattwerkes zu empfehlen, wie es auf Seite 108 angegeben wurde.
Falscher Mehltau (Peronospora-Erkrankung. Plasmopara viticola Berk). Noch junge Blätter bekommen schon gelblich durchscheinende Flecken und an der Blattunterseite einen weißen Schimmelrasen. Später werden die ineinanderlaufenden Flecken braun, und das Blatt stirbt ab. Vorzeitiger Blattfall ist die Folge, darum nennt man diese Krankheit auch oft „Blattfallkrankheit". Der Pilz geht auf Blüten und Trauben über und verursacht die sogenannte Lederbeeren-Krankheit. Anfänglich scheinen die Beeren normal entwickelt, doch sehr bald schrumpfen sie ein, werden blaugrau, vertrocknen und fallen ab. Der Pilz überwintert im abgefallenen Laub des Vorjahres. Darum muß zu den beim echten Mehltau angegebenen Spritzungen noch dem **fallenden Laub** besondere Aufmerksamkeit zugewandt werden. Es wird zusammengeharkt und entweder gleich verbrannt oder in einem 65 Grad Celsius erhitzten Komposthaufen verkompostiert. Eine Bodenspritzung mit den oben genannten Kräutertees ist notwendig, im Herbst nach Laubfall und im Frühjahr nach dem Schnitt.

Zur Beruhigung kann gesagt werden, daß dieser falsche Mehltau nur selten die Weinstöcke in Gartenanlagen befällt. Lang anhaltender Regen, überhaupt Feuchtigkeit der Luft, begünstigt den Befall.

Der G r a u s c h i m m e l (Botrytis cinera) ist uns schon bei der Erdbeere und der Johannisbeere begegnet; er kommt kaum beim Spalierwein vor. Durch Wetter= und Schädlingsverletzung bildet sich ein grauer Schimmelbelag, der bei andauernder Feuchtigkeit schnell um sich greift und die Trauben vernichtet. Der Pilz überwintert ebenfalls im abfallenden Laub und ab= sterbenden Holz und wird von Regen und Wind im nächsten Jahr in etwaige Wunden der Beeren getragen. Die gleichen Schutzmaßnahmen, wie wir sie gegen falschen Mehltau ange= geben, kommen auch hier in Betracht.

Der R o t e B r e n n e r (Pseudopeziza tracheiphila) ist eben= falls eine Pilzerkrankung, die auf den Blättern rote oder bräun= liche Flecken verursacht. Vorzeitiger Blattfall und damit Mangel an Ernährung für die Frucht ist der Erfolg. Gleiche Behand= lung wie beim Mehltau beugt v o r und wirkt heilend auf Be= fall, am besten sogleich, wenn das Blatt sich verfärbt.

Der S a u e r w u r m , die Raupe des Traubenwicklers (Poly= chrosis und Clysia) kann wohl ganze Weinberge vernichten, aber kommt kaum beim Gartenrebstock vor. Knospen werden zerfressen, Blütenstände versponnen, junge Beeren angebohrt, so daß sie sauer bleiben und faulen. Als Puppe überwintert der Traubenwickler in den hohlen Gängen des Holzes und unter der Rinde, schlüpft aus im April/Mai und zum zweiten= mal im Juli/August. Ab April hängt man darum Fanggläser mit gärender Flüssigkeit in die Reben, die den kleinen Falter an= lockt. Den Fang vernichtet man und wiederholt das Aushängen Anfang Juli.

Später müssen im Notfall Raupen und Puppen abgesucht oder der ganze Stock mit Pyrethrum=Derris=Präparaten gestäubt werden. Altes Holz darf nicht liegenbleiben und muß möglichst bald verbrannt werden.

Zu diesen Schädlingsmaßnahmen muß ein guter Rat gegeben werden für eine etwaige Umstellung von Giftspritzungen auf biologische, natürliche Vorbeuge= und Bekämpfungsmittel. Ein

Gewährsmann, echt biologischer Art, warnt vor plötzlichem Wechsel, der dem Weinstock gefährlich werden könnte.
Wie „Rauschgift" beim Menschen, so muß auch die Giftspritzung für die Pflanze langsam abgesetzt werden. „Zur Durchführung des Heilprozesses ist notwendig, den Abbau an künstlichem Dünger und Giftspritzungen allmählich zu treffen, und zwar so, daß jeweils die letzte Düngung und Spritzung wegfällt und an ihre Stelle eine rein biologische tritt" (Schwarz, Weg zum Siedeln).
Dazu haben wir zu sagen bez. des Gartenweines, und zwar aus eigener Erfahrung, daß es eines langsamen Absetzens bei uns n i c h t bedurfte. Gleich nach der ersten biologischen Maßnahme trat Gesundung ein und wurde von Jahr zu Jahr sicherer und anhaltender.

Gehalte und Verwendung

Über die Verwendung der Weintraube ist man im allgemeinen besser unterrichtet als über ihre Gehalte, ja über den Wert des Weinstockes als solchen.
Von der Bedeutung des Rebholzes als Düngemittel war bereits auf Seite 107 f. die Rede, aber auch das Laub hat einen Düngewert von 0,45 Prozent Stickstoff, 0,1 Prozent Phosphorsäure und 0,35 Prozent Pottasche (ein Kaliumkarbonat).
Überdies aber sind vor allem die frischen Blätter und Triebe von großem Nähr- und Heilwert. Sie enthalten nicht nur den Invertzucker der Trauben (Invertzucker, farbloser, reduzierender Zucker, süßer als Rohrzucker), sondern auch Wein-, Apfel- und Bernsteinsäure, dazu Stärke, Karotin und Gerbstoff, was sie von alters her in manchen Gebrechen zum Heilkraut macht. Der Aufguß von jungen Blättern und Trieben wurde bei inneren Blutungen und bei Erbrechen genommen; er galt als harntreibend und deshalb angebracht bei Gicht. Sogar der „Tränensaft" des Weinstockes wurde aufgefangen und galt als Heilmittel gegen Nierenstein und -grieß, gegen Flechten und Hautausschläge.

Die Zusammensetzung der Wein*beere* unterliegt naturgemäß Schwankungen, je nach Herkunft und Sorte. Im allgemeinen kommen für sie in Frage: Invertzucker, Sacharose, Dextrose, Lävalose von 17 bis 21 Prozent; Wein=, Trauben=, Apfel=, Zitronen= und Bernsteinsäure ca. 0,8 Prozent. Und zwar unterschiedlich im Wechsel, haben die weißen Trauben mehr Frucht**zucker** als die roten und die roten Beeren mehr Frucht**säure** als die weißen. Der Vitamin=A= bzw. Karotin=Gehalt ist in der roten Traube stärker als in der weißen; Vitamin B und C entsprechen sich, so daß beide mehr Vitamin C als Vitamin B enthalten.

Auch die Mineralgehalte unterscheiden sich je nach der Farbe der Beeren, was sich auch in der Verwendung als Heilmittel auswirkt. Darum werden Personen mit Neigung zu Verstopfung und mit Blutandrang zum Kopf den Weißwein vorziehen; während Magen= und Darmgeschwächte Rotwein bevorzugen. Säuglingen gibt man z. B. ab und zu 1 bis 2 Eßlöffel des eben ausgepreßten Saftes der **hellen** Traube.

Bei vielerlei Krankheiten oder auch nur zur Stärkung einer geschwächten Gesundheit sind „Traubenkuren" allgemein bekannt; ebenso die abführende Wirkung des frisch gekelterten Traubensaftes und des noch in Gärung befindlichen Mostes. Sogar die noch gärenden Trester (Preßrückstände) werden für Bäder verwandt bei Rheuma, Gicht und allgemeinen Gliederschmerzen. Ganz zu schweigen von dem hohen Wert der Trester beim Kompostverfahren und beim Mulchen; beides kann gerade beim Weinstock als Dung und Bodenbedeckung von größtem Vorteil sein.

So ist denn der Anbau der Weinrebe auch für den Gartenbesitzer, ganz abgesehen von der Verschönerung von Haus und Garten, eine Mühe, die sich reichlich lohnt.

Oft jedoch wird es so sein, daß ein Teil der Beeren nicht ausreift. Der Schaden ist aber nur gering, wenn man diese nicht ausgereiften Beeren wie Stachelbeeren einmacht.

Hat man dagegen zu viele reife Trauben, die nicht gleich verwertet werden können, so hängt man sie an einem luftigen Ort, der frostfrei liegt, an Drähten oder Schnüren auf. In dieser Weise halten sie sich eine Zeitlang recht gut.
Man hat sie auch schon mit einem ca. 20 cm Stück Tragholz abgeschnitten und dieses in eine Flasche Wasser gesteckt. Dem Wasser wird Salz und Holzkohlepulver beigegeben. So freihängend, haben sich die Trauben oft lange gehalten; nur sollte das Wasser hin und wieder erneuert werden.

Anhang

Grüneinsaaten

Gelbe Lupine, für sandige Böden, Aussaat bis Ende Juli.

Blaue Lupine, für alle Böden, Aussaat bis in den Herbst.

Weiße Süß-Lupine, für alle Böden, Aussaat bis Ende Juli.

Winterwicke, für leichte Böden, Aussaat August/September.

Sommerwicke, für leichte Böden, Aussaat Frühjahr bis Ende Juli.

Winterraps, für leichte Böden, Aussaat August bis Oktober.

Liho-Raps, wächst schnell, Aussaat Juli bis September.

Serradella, für sandige und mittlere Böden, offensichtliche Bodenverbesserung, Aussaat im Frühjahr oder Sommer.

Senf, schwarz oder gelb, Aussaat vom Frühjahr bis September.

Winterroggen, beste Flächenbegrünung über Winter, die den Boden für das nächste Jahr aufschließt, Aussaat August bis – bei offenem Boden – in den Dezember hinein, möglichst dicht.

Spritztabelle

	Spritzmittel	Maße
Allgemeine **Winterspritzung** sämtlicher Obstgehölze (Strauch und Boden)	Rainfarn	30 g auf 1 l Wasser (in unbelaubtem Zustand)
Gegen **Schildlaus im Winter**	Farnkraut, getrocknet und verrieben (Extrakt)	5 g auf 1 l Wasser ansetzen, 24 Std. ziehen lassen. Befallenes Holz abbürsten. (Bei Jungholz leicht verdünnen.)
Im zeitigen **Frühjahr**	Farnkraut**spritzung**	Etwas mehr verdünnen ca. 1 l Extrakt auf 10 l Wasser
Im **Juni**	Farnkraut**spritzung**	Stärker verdünnen: ca. 1/2 l Extrakt auf 10 l Wasser
Vorfrühjahr gegen **Stachel**beermehltau (oft Kalimangel)	Farnkrautspritzung von Boden und Strauch	1 l Extrakt auf 10 l Wasser
Vorbeugespritzung sämtlicher Beerenkulturen im zeitigen Frühjahr gegen **Mehltau, Blattfallkrankheit, Rost** und **Rote Spinne**	Schachtelhalmtee (möglichst bei Sonne ausspritzen)	20 g auf 1 l Wasser fünffach verdünnen
Vorknospenspritzung gegen **Gallmilbe**	Rainfarntee	10 g auf 1 l Wasser
gegen **Himbeerrutenkrankheit**	Schachtelhalm- und Brennesseltee im Gemisch	20 g auf 1 l Wasser (Ruten und Boden spritzen)

	Spritzmittel	Maße
Beim Austrieb der Beeren**sträucher,** Schutz gegen Vogel=fraß (zugleich Mehltau=Rostabwehr)	**Natrium=**Wasser=glasspritzung (in Drogerien käuflich)	In Verdünnung von 2—3:100 (möglichst Regenwasser)
Im **zeitigen Frühjahr** sämtliche Beerenkultu=ren samt ihrem Boden: zur besseren Entfaltung von Blüte u. Frucht, überdies als Schutz=maßnahme gegen Spätfröste	Baldrian**blüten=**spritzung	Einige Tropfen in einem Eimer Regen=wasser sehr gut verrühren
Vor= und **nach** der Blüte für Erdbeeren zur Stär=kung und Vorbeugung gegen Erkrankungen	SPS= und Polyma=ris=Lösung III (Algenmehl und Kräuterpräparat)	Siehe Anweisung in der Packung! (Firmenverzeichnis)
Gegen Erdbeer**milben**	SPS, Polymaris II	Siehe Anweisung!
Gegen Erdbeer**milben**	Knoblauch=spritzung	70 g Knoblauch mit 1 l kochendem Wasser brü=hen, 7fach verdünnen, damit gießen.
Gegen Erdbeer**milben** (Virusüberträger!)	Knoblauch=spritzung	Anfang Mai spritzen, 3mal hintereinander in Abständen von 3 Tagen. Nach der Ernte diese Aktion wiederholen
Frühjahrs= und **Herbst=**spritzung zur Verbes=serung der Qualität der Früchte (über alle Kulturen, samt Boden)	Löwenzahntee (die **blühende** Pflanze, mit Wurzel sam=meln u. trocknen)	Je nach Bedarf 15—20 g auf 1 l Wasser

	Spritzmittel	Maße
Zur besseren Blattent=wicklung aller Pflanzen (über Pflanzen und Boden)	**Vergorene** Brenn=nesseljauche oder, Brennesseltee	Jauche 20fach verdünnt; Tee 20 g auf 1 l Wasser
Gegen **Blattläuse** (möglichst ehe sich das Blatt rollt)	**Gärende** Brennesseljauche, auch mit Rainfarn gemischt	50fach verdünnt bei starkem Befall 3mal hintereinander
Gegen **Säulchenrost** der schwarzen Johannisbeere (sobald erkenntlich)	Wermutspritzung	10 g auf 1 l Wasser
Gegen **pilzliche Erkrankung** jeder Art	Zwiebelwasser=spritzung	Zwiebelschale 50 g auf 1/2 l Regenwasser, einige Tage ziehen lassen
Bodenspritzungen **im Sommer** gegen sich verpuppende Larven	Rainfarntee oder **gärende** Brennesseljauche	Rainfarn 30 g auf 1 l Wasser; Jauche 20fach verdünnt
Sogleich nach der **Ernte der Erdbeeren** gegen Mehltau oder Weiß=fleckenkrankheit	Schachtelhalm=spritzung vom Frühjahr wieder=holen oder Natrium=Wasser=glasspritzung	Schachtelhalm 3mal in 3 Tagen Abstand (siehe oben: beim Austrieb!)
Gegen **Erdbeerblüten=stecher** gleich nach der Ernte	Rainfarntee oder „Parexan"=Spritzungen	Rainfarn 20 g auf 1 l Wasser. „Parexan" nach Anweisung (in Droge=rien käuflich), 3mal in Abständen von 8 Tagen (einschließlich Boden=spritzung)

	Spritzmittel	Maße
Gegen **Glasflügler** bei roter Johannisbeere, gleich **nach der Ernte**	Rainfarn-spritzung	20 g auf 1 l Wasser
Gegen Brombeermilbe **im Herbst** nach dem Schnitt	Rainfarn- oder Wermuttee	Je 20 g auf 1 l Wasser
Allgemeine **Herbst-spritzung** von Pflanzen und Boden	Schachtelhalm und Brennessel im Gemisch	20 g auf 1 l Wasser

Allgemeines über die Kräuteranwendung

Sämtliche Drogen werden natürlich am besten ausgenützt, wenn sie regelrecht gekocht werden: einige Stunden vorher in kaltem, wenn möglich Regen-, Bach- oder Flußwasser einweichen, dann zum Kochen bringen und 20 Minuten leicht kochen lassen.
Der Tee soll zugedeckt abkühlen und wird erst dann ausgefüllt, damit alle Kräfte darin erhalten bleiben.
Bei unserem Verfahren, **mit dem Teesatz zu mulchen,** ist auch bei mangelnder Kochgelegenheit die Möglichkeit, die Drogen mehrere Tage im Wasser ziehen zu lassen. Die Spritzflüssigkeit hat bei diesem Verfahren nicht die gleiche Stärke, wie dies beim Kochen der Fall ist; man gibt darum immer etwas reichlicher Droge und weniger Verdünnung hinzu.
Der Spritztee wird immer mit etwas **Lehmwasser** als Haft- und Bindemittel verrührt. Den gut verrührten Tee seiht man durch ein Sackleinen und spritzt ihn am besten durch eine Spritze mit Grobdüse aus. In Ermangelung einer Obstbaumspritze kann man sich bei Beerensträuchern und niedrigen Pflanzen sehr gut helfen mit einem Handfeger, den man über die Kulturen ausspritzt.

Man spritzt nie bei Wind oder regnerischem Wetter, nie bei Sonne, außer mit Schachtelhalm, der nach dem Urteil der Biologen wegen seines großen Kieselgehaltes bei Besonnung ausgespritzt werden soll.
Man spritzt nie n u r die Sträucher und Pflanzen, sondern immer bei Kräuterspritzungen a u c h den Boden; danach wird der Teesatz als Mulch um die Pflanzung gelegt.
L e h m b r e i , als Heilmittel für Obstgehölze, wird wie dickflüssiger Kuchenteig angerührt, und zwar mit Kräutertee. Man k a n n Rainfarntee nehmen, aber man **muß** immer Schachtelhalmtee daruntergeben gegen Pilzparasiten. Wenn möglich sollte man diesem Lehmbrei einen kleinen Teil strohfreien Kuhdung einrühren. Kuhdung düngt nicht nur, sondern er heilt auch. (Ersatz für Lehm: Bentonit)
Für **akute Blattlausfälle** kann man sich mit einem Schnellmittel helfen, wenn man **das Wasser der gekochten Kartoffeln** benutzt und je nach Stärke oder Bedarf etwas verdünnt. Gleichfalls für denselben Schädlingsbefall kann man in Schnellhilfe die **Blätter des Rhabarbers** mit heißem Wasser überbrühen und einige Stunden stehenlassen.
Auf ca. 1 Pfund frischer Rhabarberblätter gießt man 3 bis 4 Liter heißes Wasser. Durchgeseiht, werden beide Flüssigkeiten auf die befallenen Blätter ausgespritzt.
Die in dieser Spritztabelle angegebenen Maße brauchen nicht absolut genommen zu werden. Es hängt bei organischer Spritzung auch immer von der jeweiligen Verfassung der Pflanzen ab. Doch lernt man selber am besten, das Rechte zu treffen durch die stete Übung und Benutzung der uns so reichlich zuwachsenden Spritzmaterie.

FIRMENVERZEICHNIS

Abtei Fulda, 6400 Fulda, Postfach 126, Nonnengasse 16 (diverse Schriften für Gartenbau, Humofix-Schnellkompostpulver)

Ahrens + Siebertz KG, Baumschulen, Erdbeerpflanzenzuchtbetrieb, 5200 Siegburg-Seligenthal (Rhld.)

Alms, Wilhelm, 6000 Frankfurt/M.-Oberrad, Offenbacher Landstraße 377 (Angebote von E. O. Cohrs, 2130 Rotenburg)

Appel, Conrad, Biol. Baumschule, 6100 Darmstadt, Postfach 147

Bein, Friedrich, Reformhaus, 2000 Hamburg 73, Postfach 124, An den Bahnhöfen Rahlstedt und Berne (Algenmehl und andere biologische Mittel, rostfreie Gartengeräte)

Bio-Gartenmarkt Keller, Inh. Albert Kiefer, 7800 Freiburg, Konradstraße 17 (Angeb. v. E. O. Cohrs, Plastiknetze für Vogelschutz, biol. Sämereien)

Bösl, Christian, Beerenobstbau-Vermehrung, 8481 Erbendorf/Opf. (Erdbeerpflanzen)

Bornträger, Heinrich, 6521 Offstein, Wormser Straße 1 (biol. Heil- und Würzkräuter, Sämereien, Gemüse, Spritzkräuter für Pflanzenjauchen)

Cohrs, Ernst-Otto, 2130 Rotenburg, Postfach 73 (lebenfördende Mittel für Boden, Pflanze und Tier, u. a. Baldrianblütenextrakt, Bentonit, Biosmon, Rizinusschrot), frachtbilligere Bezugsmöglichkeiten dort zu erfragen.

Düsing & Sohn, 4650 Gelsenkirchen-Horst (Rizinusschrot)

Fey, Christian, Baumschule, 5309 Meckenheim

Geisel, Heinrich, 8510 Fürth, Ludwigstr. 70 (Angeb. v. E. O. Cohrs)

Hesse, Hermann A., Baumschulen, 2952 Weener, Postfach 240

Kayser & Seibert, Odenwälder Baumschulen, 6101 Roßdorf

Müller, A., Baumschule, Beerenobstkulturen (Erdbeerpflanzen), 4570 Quakenbrück, Mimmelager Straße, Postfach 1244

Rizinusschrotvertrieb, 5590 Cochem

Schlüter, Gustav, Markenbaumschule (Erdbeerpflanzen), 2200 Bokholt-Hanredder, Ortsteil Vossloch

NACHSCHLAGREGISTER

Von der Abtei Fulda erschienen außerdem:

Kompost – Gold im Biogarten .... 9,50 DM

Gemüseanbau im Biogarten .... 7,80 DM

Pflanzensaft gibt Pflanzen Kraft
(pflanzliche Gieß- und Spritzmittel für den Garten) 6,50 DM

Obstbaukalender in naturgemäßem Anbau .... 5,00 DM

Blumen im Nutzgarten .... 6,00 DM

Comfrey – was ist das? .... 9,50 DM

Biogärtnern wie in der Abtei Fulda .... 12,80 DM

Geheimnisse aus dem Klostergarten .... 24,90 DM

Unsere Kleine Reihe
Nr. 1 Pflanzen duften den Garten gesund .... 4,00 DM
Nr. 2 Damit Boden fruchtbare Erde bleibt .... 4,50 DM
Nr. 3 Wenn die Schnecken kommen .... 4,50 DM
Nr. 4 Lausige Zeiten – auch im Biogarten .... 4,50 DM
Nr. 5 Ameisen-Gewimmel .... 4,50 DM

Gartenzeitschrift WINKE
als laufende Ergänzung – dreimal jährlich,
Jahresabo .... 22,00 DM

Bezugsquelle für den Kompoststarter Humofix:
Abtei Fulda, Postfach 126, D-36001 Fulda
Tel.: 06 61/9 02 45 31, Fax: 06 61/9 02 45 45

ebenso für die angegebenen Schriften